输电线路施工
高处作业防坠技术

主　编　潘巍巍

副主编　吴　将　李　靖　汤春俊

U0217489

中国水利水电出版社
www.waterpub.com.cn
·北京·

内 容 提 要

　　本书是由金华送变电工程有限公司根据多年输电线路施工现场经验，结合现行相关标准规范，从实际施工需要和具体操作应用出发编写的。本书共分 8 章，主要介绍输电线路建设施工的高处作业防护技术，内容包括：输电线路及其施工，高处作业基础知识，防坠装置现状及介绍，基础施工防坠，杆塔组立防坠，架线施工防坠，附件安装防坠，电缆施工高处防坠。

　　本书可供从事输电线路工程施工的工人、技术人员和管理人员参考使用，希望能对广大从事输电线路工作的人员有所帮助。

图书在版编目（C I P）数据

输电线路施工高处作业防坠技术 ／ 潘巍巍主编. --
北京 ： 中国水利水电出版社，2018.2
　　ISBN 978-7-5170-6339-1

　　Ⅰ．①输… Ⅱ．①潘… Ⅲ．①输电线路－高空作业－
安全技术 Ⅳ．①TM726

中国版本图书馆CIP数据核字(2018)第040010号

书　　名	输电线路施工高处作业防坠技术 SHUDIAN XIANLU SHIGONG GAOCHU ZUOYE FANGZHUI JISHU
作　　者	主编 潘巍巍　副主编 吴将　李靖　汤春俊
出版发行	中国水利水电出版社 （北京市海淀区玉渊潭南路 1 号 D 座　100038） 网址：www. waterpub. com. cn E-mail：sales@waterpub. com. cn 电话：(010) 68367658（营销中心）
经　　售	北京科水图书销售中心（零售） 电话：(010) 88383994、63202643、68545874 全国各地新华书店和相关出版物销售网点
排　　版	中国水利水电出版社微机排版中心
印　　刷	北京市密东印刷有限公司
规　　格	184mm×260mm　16 开本　9.25 印张　219 千字
版　　次	2018 年 2 月第 1 版　2018 年 2 月第 1 次印刷
印　　数	0001—4000 册
定　　价	**38.00 元**

　　凡购买我社图书，如有缺页、倒页、脱页的，本社营销中心负责调换

本书编委会

主　　编　潘巍巍

副 主 编　吴　将　李　靖　汤春俊

参编人员　（按姓氏笔画排序）

方玉群　叶聪杰　吕子成　许　剑　刘田野

刘　畅　刘建生　严明安　李策策　李一鸣

邵　辉　何旭岩　何德华　张宇岚　张　良

张　政　陈崇敬　陈　东　金德军　赵胜红

郝维瀚　洪行军　施首健　柳建超　徐志勇

袁建国　钱佳琦　黄旭骏　葛健玮　蒋洪青

程拥军　虞　驰　缪寿成　蔡成立

前　言

输电线路施工高处作业量大，作业环境复杂，多种交叉作业频繁，潜在的坠落危险因素诸多且时刻变化。目前输电线路施工防坠技术理论还不成熟，作者会同现场技术人员总结现场实际经验，编写了本书，以期指导提升输电线路施工人员安全理论知识水平和安全操作技能水平。

目前输电线路施工分为架空线路和电力电缆施工两种。架空线路和电力电缆线路施工流程各异，本文根据两种不同施工方法处于不同施工阶段存在的高处作业坠落风险进行分析阐述，并对当前采取的防坠技术措施进行归纳总结。

全书共分8章，由潘巍巍主编，其中第1章和第2章由吴将负责编写，第1章主要叙述输电线路组成、施工步骤等基础知识。第2章主要介绍高处作业基础知识，包含高处作业定义、分级分类、现场安全风险、规程要求以及坠落事故预防和营救措施。第3章由叶聪杰编写，介绍防坠落装置，主要包含装置技术规范及选型要求，防坠落装置使用等。第4章和第5章由钱佳琦编写，第6章和第7章由柳建超编写，第4章～第7章内容按照架空线路施工流程分类分别介绍基础施工防坠、杆塔组立防坠、架线施工防坠、附件安装防坠技术措施，并列举类似案例，以学习借鉴。第8章由葛健玮编写，主要介绍电缆施工高处防坠技术措施，同时列举实地案例两起，以警示效应。

本丛书编写人员均为一线生产技术人员，教材内容贴近现场实际，具有实用性、针对性强等特点，可作为登高培训教材。

本书由李靖、汤春俊审阅，并提出许多宝贵意见，在此表示感谢。在本丛书编写过程中得到了许多领导和同事的支持与帮助，使内容有了较大的改进，在此表示衷心的感谢。

由于编者水平有限，书中难免存在不妥和错误之处，恳请读者批评指正。

编者

2017 年 8 月

目　　录

第1章 输电线路及其施工

1.1 输电线路基础知识

1.1.1 输电线路分类

电力系统包括发电厂、电力网和用电设备。电力网包括变电所和各种不同电压等级的输电线路。输电线路是连接发电厂和用电设备的枢纽。

输电线路按架设方法可分为架空线路和电力电缆。

架空线路将输电导线用绝缘子和金具架设在杆塔上，使导线对地面和建筑物保持一定的安全距离。架空输电具有投资少、维护检修方便等优点，因而得到广泛应用；其缺点是易遭受风雪、雷击等自然灾害影响，发生事故的概率较高。

电缆线路利用埋设在地下或敷设在电缆沟中的电力电缆来输送电力。电缆输电的优点是占地少，不受外界干扰，运行比较安全，不影响地表绿化和整洁；缺点是过程造价高，运行维护和检修比较困难。

输电线路按输送电流的种类，可分为交流输电线路和直流输电线路两种。

交流输电的过程为：发电厂发出的交流电升压后，经过各级输电线路和无数次降压后送给用电设备使用。

直流输电发电厂发出的交流电整流为直流电后输送到受电地区，再将直流电逆变为交流电，提供给用电设备使用。

电力系统构成如图1-1所示。

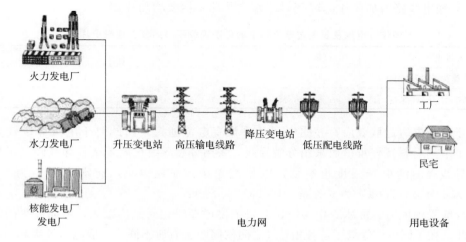

图1-1 电力系统构成示意图

1.1.2 输电线路电压等级

以大地电位作为参考点（零电位），线路导线均需处于由电源所施加的高电压下，此电压称为输电电压。通常将 35kV 及以下电压等级的输电线路称为配电线路，110～220kV 电压等级的输电线路称为高压线路（HV），330～750kV 电压等级的输电线路称为超高压线路（EHV），750kV 以上电压等级的输电线路称为特高压线路（UHV）。我国现在交流输电线路主要采用的电压等级包括 35kV、110kV、220kV、330kV、500kV、750kV、1000kV，直流输电线路主要采用的电压等级包括 ±500kV、±660kV、±800kV。

图 1-2　杆塔结构示意图
1—铁塔；2—导线；3—绝缘子；4—间隔棒；5—地线

输电线路中，杆塔高度、绝缘子片数、导线分裂数以及各相导线之间的间距等指标对应着不同的电压等级，辨别不同电压等级最简单直观的方法就是观察标识牌，每一个杆塔都挂有电压等级的标识牌。杆塔结构如图 1-2 所示。在乡镇较为常见的水泥杆的电压等级一般都是 220V 或 380V，较高一点的水泥杆的电压等级为 10kV 左右；在城市中常见的水泥杆的电压等级一般都在 10kV 左右。35kV混凝土杆塔高度在 12m 左右；35kV 以上输电线路电压铁塔因地形、交跨等因素的影响，杆塔高度不统一，一般来说，输送电能容量越大，线路采用的电压等级就越高。

绝缘子片数能较好地反映电压等级。《110～750kV 架空输电线路设计规范》（GB 50545—2010）规定在海拔 1000m 以下地区，操作过电压及雷电过电压要求的悬垂绝缘子最少的绝缘子片数不应小于表 1-1 的数值，耐张绝缘子串的绝缘子片数在表 1-1 的基础上增加，对 110～330kV 输电线路增加 1 片，对 500kV 输电线路增加 2 片，对 750kV 输电线路不需要增加片数。

表 1-1　　　　操作过电压及雷电过电压要求的悬垂绝缘子串的最少绝缘子片数

标准电压/kV	110	220	330	500	750
单片绝缘子高度/mm	146	146	146	155	170
绝缘子片数/片	7	13	17	25	32

由于交流电有趋肤效应，导线中间几乎没有电流通过，因此对于电压等级较高的线路，为了节约材料减轻重量而采用分裂导线。采用分裂导线比同等半径导线降低了导线的电抗，导线表面的电场强度也越低，电晕就越小，损耗也小。通常 220kV 为 2 分裂，500kV 为 4 分裂，750kV 为 6 分裂，1000kV 为 8 分裂。

当导线受到风力、覆冰等作用时，会发生使得导线相间距离缩短，可能发生闪络等问题，因此，在不同电压等级下，各相导线之间的间距也有所不同，一般电压等级越高，间距越大。根据《110～750kV 架空输电线路设计规范》（GB 50545—2010）规定，对于 1000m 以下档距，对应不同电压等级和档距，水平、垂直线间距离不得小于表1-2和表1-3的数值。

表1-2　　　　　　　　水平间距离和档距、电压之间的关系表

标称电压/kV	水平线间距离、档距/m			
110	3.5、300	4、375	4.5、450	
220	5.5、440	6、525	6.5、615	7、700
330	7.5、525	8、600	8.5、700	
500	10、525	11、650		
750	13.5、500	14、600	14.5、700	15、800

表1-3　　　　　　　　垂直间距离和电压之间的关系表

标称电压/kV	110	220	330	500	750
垂直线间距离/m	3.5	5.5	7.5	10.0	12.5

1.1.3　输电线路的组成

架空输电线路由线路杆塔基础、杆塔、导线、绝缘子、线路金具、接地装置等构成，架设在地面之上。

1. 杆塔基础

输电线路杆塔基础分类方式主要有以下三种：

（1）按杆塔型式，可分为直线杆塔基础、耐张杆塔基础、转角杆塔基础、特种杆塔基础。

（2）按基础受力方式，可分为下压基础、上拔基础、倾覆基础。

（3）按基础结构型式，可分为多种，包括板式基础、台阶式基础、掏挖式基础、斜插式基础、灌注桩基础、岩石锚杆基础、岩石嵌固基础、复合沉井式基础、联合基础等，如图1-3所示。

基础型式的选择应根据杆塔型式，结合沿线地质、所受载荷、施工条件等特点综合考虑。一般优先选择原状土基础，如板式基础、台阶式基础，对于流沙或软弱地层，则一般采用灌注桩基础、复合沉井式基础。

2. 杆塔

输电线路杆塔分类方式主要有以下三种：

（1）按杆塔用途，可分为直线型杆塔、耐张型杆塔（又可分为直线耐张型杆塔、转角型杆塔、终端型杆塔）和特殊型杆塔（又可分为跨越杆塔、换位杆塔、分支杆塔）。

（2）按杆塔导线回路数，可分为单回路杆塔、双回路杆塔和多回路杆塔。

（3）按杆塔结构型式分，可分为拉线型杆塔、自立式杆塔。自立式杆塔又分为角钢塔、钢管塔、钢管杆及特种塔。拉线型杆塔能充分利用材料的强度特性而减少钢材耗用量，但占地面积较大。自立式钢管铁塔具有占地面积小、结构性能稳定等特点，是近年来应用较多的一种塔型。

（4）按塔型分，可分为：上字型塔、酒杯型塔、猫头型塔、干字型塔、羊角型塔、双回路塔、V字型塔、门型塔、钢管杆，如图1-4所示。

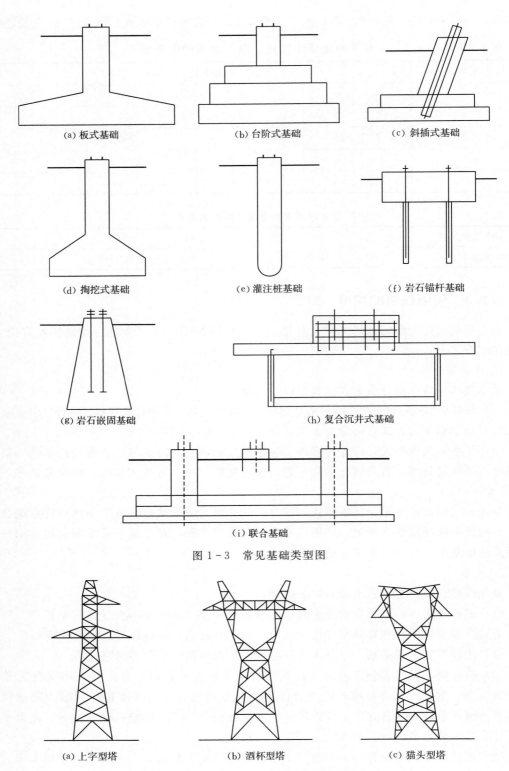

(a) 板式基础　　　　　　(b) 台阶式基础　　　　　　(c) 斜插式基础

(d) 掏挖式基础　　　　　　(e) 灌注桩基础　　　　　　(f) 岩石锚杆基础

(g) 岩石嵌固基础　　　　　　　　(h) 复合沉井式基础

(i) 联合基础

图 1-3　常见基础类型图

(a) 上字型塔　　　　　　(b) 酒杯型塔　　　　　　(c) 猫头型塔

图 1-4（一）　输电线路常用杆塔分类

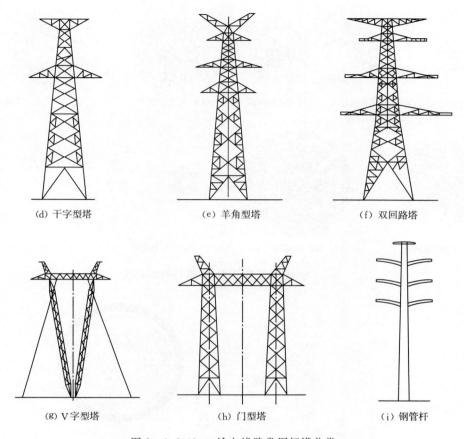

(d) 干字型塔　　　　　　　　(e) 羊角型塔　　　　　　　　(f) 双回路塔

(g) V字型塔　　　　　　　　(h) 门型塔　　　　　　　　(i) 钢管杆

图 1-4（二）　　输电线路常用杆塔分类

3. 导线

（1）架空线路的分类方式主要有以下三种：

1）按架空线用途，可分为导线、避雷线、耦合地线、屏蔽地线、复合光缆。

2）按架空线材料，可分为钢绞线、铝绞线、铝合金绞线、钢芯铝绞线、防腐型钢芯铝绞线、复合光缆、铜绞线。

3）按架空线结构，可分为单股导线、单金属多股绞线、钢芯铝绞线、扩径钢芯铝绞线、空心导线、钢铝混绞线、钢芯铝包钢绞线、铝包钢绞线、避雷线、分裂导线。

架空线导地线截面图如图 1-5 所示。

（2）电力电缆结构及分类。

1）按电力电缆结构，可分为油浸纸绝缘铅包电力电缆、油浸纸绝缘铝包电力电缆、交联聚乙烯绝缘氯乙烯护套电力电缆、聚氯乙烯绝缘聚氯乙烯护套电力电缆、橡皮绝缘聚氯乙烯护套电力电缆。电缆结构图如图 1-6 所示。

2）按电力电缆敷设形式，可以分为直埋式、排管、电缆沟、电缆隧道等四种。前两种多作为供电环网用电缆，根数少，长度长；后两种适用电缆长度短而根数较多的厂区内。电缆排管图如图 1-7 所示。

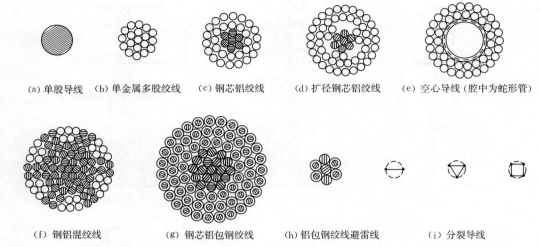

(a) 单股导线　(b) 单金属多股绞线　(c) 钢芯铝绞线　(d) 扩径钢芯铝绞线　(e) 空心导线 (腔中为蛇形管)

(f) 钢铝混绞线　　(g) 钢芯铝包钢绞线　　(h) 铝包钢绞线避雷线　　(i) 分裂导线

图 1-5　架空线路各种导线避雷线断面图

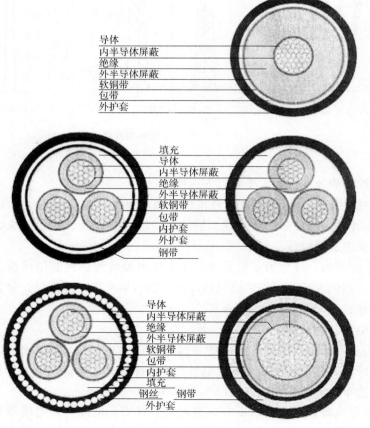

导体
内半导体屏蔽
绝缘
外半导体屏蔽
软铜带
包带
外护套

填充
导体
内半导体屏蔽
绝缘
外半导体屏蔽
软铜带
包带
内护套
外护套
钢带

导体
内半导体屏蔽
绝缘
外半导体屏蔽
软铜带
包带
内护套
填充
钢丝　钢带
外护套

图 1-6　电力电缆结构

图 1-7　电力电缆排管图

4. 绝缘子

输电线路绝缘子是指安装在不同电位的导体之间或导体与地电位构件之间，能够耐受电压和机械应力作用的器件。绝缘子要满足机械强度和电气强度两方面的要求，同时要满足大气及污秽物作用下抗腐蚀、抗冷热、抗疲劳和抗劣化等要求。

绝缘子种类很多，可以按绝缘介质、连接方式和承载能力大小进行分类。

（1）按绝缘介质分为盘形悬式瓷质绝缘子、盘形悬式玻璃绝缘子、半导体釉和棒形悬式复合绝缘子四种。棒型绝缘子两端是金属连接构件，中间是高强度铝质瓷制成的绝缘体，瓷件的长度可以根据要求定做，也可以多个棒形悬式瓷件相连。

（2）按连接方式分，有球形连接和槽型连接两种，如图 1-8 所示。

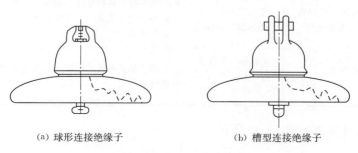

(a) 球形连接绝缘子　　　　　　　　(b) 槽型连接绝缘子

图 1-8　绝缘子连接方式

（3）按承载能力分为 40kN、60kN、70kN、100kN、160kN、210kN、310kN 七个种类。

每种绝缘子又分为普通型、耐污型、空气动力型和球面型等多种类型。玻璃绝缘子和复合绝缘子实物图如图 1-9 所示。

5. 线路金具

输电线路金具是指将杆塔、导地线、绝缘子及其他电气设备按照设计要求，连接组装成完整的输电线路所使用的定型零件。输电线路金具按其性能和用途分为悬垂线夹、耐张线夹、连接金具、接续金具、防护金具等 5 类。具体分类见表 1-4。

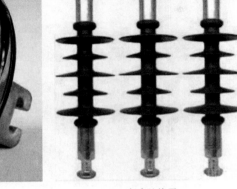

(a) 玻璃绝缘子   (b) 复合绝缘子

图 1-9　绝缘子实物图

表 1-4 　　　　　　　　　　　　　　　　输 电 线 路 金 具

金具分类	金具名称	型式	用途
悬垂线夹	悬垂线夹	固定型	用于悬挂导线（跳线）于绝缘子串上和挂地线于横担上
耐张线夹	耐张线夹	螺栓型、压接型、楔型、UT型	用于紧固导线的终端，使其固定在耐张绝缘子串上，也用于地线终端的固定及拉线的锚固，紧固金具承担着导线、地线、拉线的全部张力
连接金具	又称挂线金具	挂环、挂板、联板等	用于绝缘子串与杆塔、绝缘子串与其他金具、绝缘子串之间的连接，承受机械荷载
接续金具	并沟夹板、压接管、全张力预绞丝	螺栓型、爆压型、液压型、钳压型	用于接续各种导线、地线，大部分接续金具承担导线或地线的全部张力，导线接续金具还承担与导线相同的电气负荷
防护金具	防振金具、防晕金具、重锤	防振锤、护线条、间隔棒、均压环、屏蔽环、重锤	用于保护导线、绝缘子及其他金具免受机械振动、电腐蚀等损害

输电线路金具实物如图 1-10 所示。

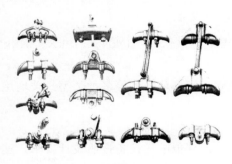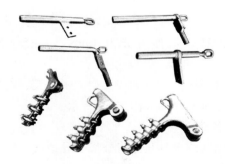

(a) 悬垂线夹   (b) 耐张线夹

图 1-10（一）　输电线路金具实物图

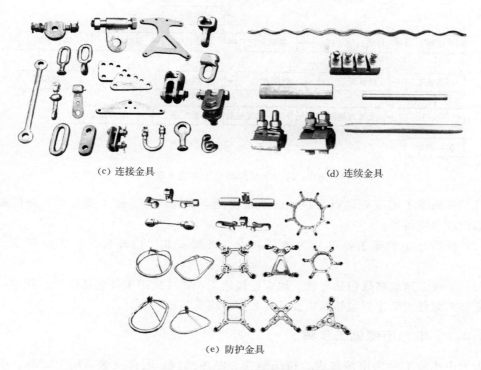

(c) 连接金具   (d) 连续金具

(e) 防护金具

图 1-10 （二）　　输电线路金具实物图

6. 接地装置

运行统计数据表明，引起输电线路故障跳闸的原因很多，其中因雷击引起的跳闸次数约占总跳闸次数的 60% 以上，位居所有跳闸原因之首。因此，装设接地装置从而就可以确保雷电流可靠泄入大地，保护线路设备绝缘，减少线路雷击跳闸率，提高运行可靠性和避免跨步电压产生的人身伤害。

接地装置包括接地体及接地引下线两部分。

（1）接地体是指埋在地面以下直接与土壤接触的金属导体，分为自然接地体和人工接地体。自然接地体是指与大地接触的各种金属构件、水泥杆、拉线及杆塔基础等；人工接地体指专门敷设的金属导体。

（2）接地引下线是连接避雷线（针）、避雷器或架空电力线路杆塔与接地体的金属导线，常用材料为镀锌钢绞线。

1.2　输电线路施工步骤

1.2.1　架空线路施工步骤

架空线路施工主要步骤如图 1-11 所示。

应注意以下几点：

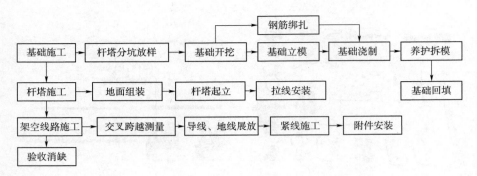

图 1-11　架空线路施工主要步骤

（1）基础施工前应先进行交接桩、线路复测、现场调查、施工图会审、备料加工供应、编织技术资料等。

（2）杆塔起立步骤主要可分为抱杆起立、塔腿安装、抱杆提升、塔头安装、抱杆拆除。

（3）导线、地线展放包括导线、地线连接施工，紧线施工主要包括临锚、挂线、悬垂线夹安装，附件安装主要包括保护金具安装和跳线安装。

1.2.2　电力电缆施工步骤

电力电缆施工分为电缆敷设、接头制作、电缆试验、附件安装、塔上试验、引线搭接、验收消缺 7 项内容。施工主要步骤如图 1-12 所示。

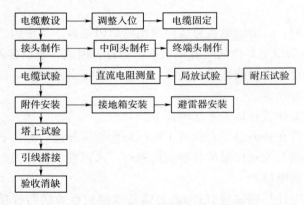

图 1-12　电力电缆施工主要步骤

应注意以下几点：

（1）基础施工前应先进行交接桩、线路复测、现场调查、施工图会审、备料加工供应、编织技术资料等。

（2）电缆敷设包含电缆入槽、夹具及支架安装、电缆固定等工序。

（3）电缆试验包括电缆护层绝缘试验、电缆主绝缘试验、局放试验、耐压试验等。

（4）附件安装包含避雷器安装、接地箱安装、引线搭接及安装标识牌等工序。

第 2 章 高处作业基础知识

2.1 高处作业的定义和分级

按照我国《高处作业分级》（GB 3608—2008）[1] 规定，凡在距坠落高度基准面 2m 及以上有可能坠落的高度进行的作业均称为高处作业。

高处作业分级根据作业位置距离坠落基准面高度 2～5m、5～15m、15～30m、30m 以上四个区域进行分级。

(1) 高处作业高度在 2～5m 时，称为 I 级高处作业。

(2) 高处作业高度在 5～15m 时，称为 II 级高处作业。

(3) 高处作业高度在 15～30m 时，称为 III 级高处作业。

(4) 高处作业高度在 30m 以上时，称为 IV 级（特级）高处作业。

不同作业高度发生人或物的高处坠落时，可能坠落范围半径各不相同。可能坠落范围，指以作业位置为中心，可能坠落范围半径为半径划成的与水平面垂直的柱形空间。

高处作业物体在不同高度发生坠落时可能坠落范围半径见表 2—1。

表 2－1   不同高度物体可能坠落范围半径

高处作业等级	I 级	II 级	III 级	IV 级
高处作业高度 h_w/m	2～5	5～15	15～30	>30
可能坠落范围半径 r/m	3	4	5	6

钢管杆塔横担高处坠落示意图如图 2－1 所示。

假设有一处高处作业环境，示意图如图 2－2（a）所示：施工人员在一处 3m 深的基坑边缘工作，基坑内距离基坑壁 2m 处又有一处 3m 的坑洞（其具体高度等参数均已在图中标出）。

情形一中，根据表 2-1 所示数据，施工人员对于基坑地面高度为 3m，属于 I 级高处作业，其可能坠落范围半径为 3m，而此时，距离基坑壁 2m 处又有一处 3m 深坑洞。因此，如果施工人员从高处坠落，仍有可能坠入基坑内的坑洞中，其

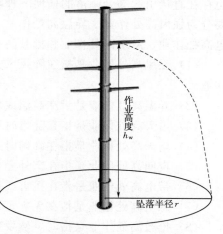

图 2－1 钢管杆塔横担高处坠落示意图

---

[1] 坠落高度基准面为通过可能坠落范围内最低处的水平面。作业区各作业位置至相应坠落高度基准面的垂直距离中的最大值称为作业高度。可能坠落范围半径为确定可能坠落范围规定的相对于作业位置的水平距离。

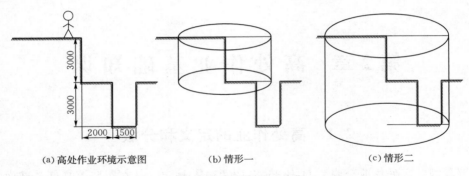

(a)高处作业环境示意图   (b)情形一   (c)情形二

图 2-2 高处作业示意图（单位：mm）

坠落高度基准面、可能坠落范围半径、作业高度需考虑施工人员坠落基坑内坑洞的情况。其示意图如图 2-2（b）所示。

　　情形二如图 2-2（c）所示，施工人员对比基坑内坑洞高度为 6m，属于Ⅱ级高处作业，其可能坠落半径为 4m，若施工人员从基坑边缘坠落，有可能坠落入基坑内的坑洞内。从而得出：如图 2-2（a）的工作环境下，其坠落高度基准面为基坑内的坑洞底部，可能坠落范围半径为 4m，作业高度为 6m，可能坠落范围为图 2-2（c）所示的圆柱形空间。

2.2　高 处 作 业 分 类

2.2.1　广义的高处作业分类

　　广义的高处作业一般分为一般高处作业和特殊高处作业两类。处于高处的人或物具有一种机械能，即势能。一般高处作业是指高处作业过程中，只存在高势能失去约束和失控而释放的危险。特殊高处作业是指除了存在高势能失去约束和失控而释放的危险外，同时也存在直接引起高处坠落的任何一种客观因素的情况下进行的高处作业。特殊高处作业主要分为强风高处作业、异温高处作业、雪天高处作业、雨天高处作业、夜间高处作业、带电高处作业、悬空高处作业和抢救高处作业。

　　（1）强风高处作业是指在阵风风力为 6 级（风速 10.8m/s）及以上情况下进行的高处作业。

　　（2）异温高处作业是指在高温或低温环境下进行的高处作业。

　　（3）雪天高处作业是指在降雪时进行的高处作业。

　　（4）雨天高处作业是指在降雨时进行的高处作业。

　　（5）夜间高处作业是指在室外完全采用人工照明进行的高处作业。

　　（6）带电高处作业是指在接近或接触带电体条件下进行的高处作业。

　　（7）悬空高处作业是指在无立足点或无牢靠立足点的条件下进行的高处作业。

　　（8）抢救高处作业是指对突然发生的各种灾害事故进行抢救的高处作业。

2.2.2　输电线路施工高处作业分类

　　输电线路施工高处作业主要分为基础基坑施工高处作业、架空线路施工高处作业和电力电缆施工高处作业。

（1）基础基坑施工高处作业主要包括掏挖式基础施工高处作业、灌注桩式基础施工高处作业、板式基础施工高处作业、台阶式基础施工高处作业等。

（2）架空线路施工高处作业主要包括杆塔组立施工高处作业、放线和紧线施工高处作业，附件安装施工高处作业，检修施工高处作业。

（3）电力电缆施工高处作业主要包括电缆上塔施工高处作业、高空电缆头制作施工高处作业、电缆附件安装高空作业等。

2.3 高处作业的主要风险因素

输电线路施工存在大量的高处作业点，覆盖整个线路施工的基础、立塔、架线等施工阶段。根据作业内容的不同会出现不同的风险因素。

2.3.1 施工人员

（1）施工人员不按照作业指导书或施工方案所列安全要求，人员素质差、安全意识低、违规高处作业。施工过程中不系安全带或系挂不正确，不规范使用个人安全防护用具，施工范围未搭设脚手架，未设安全网等安全防护用具。

（2）施工作业人员未按期进行体格检查或体检不合格仍进行高处作业。患有高血压、心脏病、癫痫病、恐高症等，或生理存在缺陷、年龄偏大的人员从事高处作业时容易发生坠落。

（3）施工作业人员酗酒，缺乏必要的施工经验和施工技能，安全意识淡薄，未经培训和安全教育，应变能力差。

（4）作业负责人或监护人擅自离开作业现场或未起到监护职责，现场在无人监护的情况下进行高处作业。

2.3.2 机具

（1）使用的脚手架材料腐蚀、规格偏小、不符合安全要求、未经验收就投入使用等，承载时容易翻倒或压垮。

（2）使用的脚手架、操作平台无防护围栏，梯子、绳索有缺陷，绳索承载能力不够，使用的安全带、安全网、安全绳等防护器材有缺陷。

2.3.3 材料

（1）施工所用的材料未固定好，脚手架上同一跨度内堆放的材料过多。

（2）施工所用的工器具、材料距离脚手架边缘或基坑坑口过近，堆放高度过高。

（3）施工过程中，使用的工具未放置在工具袋内或违规直接抛掷工具、材料等。

2.3.4 规定

现场作业指导书或施工方案未明确规定所需注意的风险因素，未提出针对高处作业现场的安全措施和注意事项。

2.3.5 环境

（1）施工场所周围未设置警戒，或违规进入作业区域造成高空物体打击。

（2）现场踏勘时未及时发现作业现场周围存在的风险因素，未对未明风险因素进行查明和消除。

（3）在大雨、冰雪、强风、大雾等恶劣天气条件下作业，或作业过程中发生天气或现场环境变化。

2.4 高处作业的安全规程要求

2.4.1 安全施工保障措施

（1）作业人员必须具备必要的电气知识，掌握紧急救护法，特别是触电和窒息急救。每年需体检一次，体检不合格者不得从事高处作业。

（2）输电线路施工作业前应编制施工方案，施工方案需明确现场高处作业安全措施布置。对于超过 3m 的深基坑施工、临近带电体施工以及特殊跨越施工等应根据现场实际情况编制专项安全施工方案。

（3）高处作业安全防护用品需进行定期检查和试验，试验合格后方可进场。现场搭设的脚手架、操作平台等应事先进行受力计算并经验收后方可使用。

2.4.2 施工作业前的安全要求

（1）高处作业人员应衣着灵便，衣袖、裤脚应扎紧，穿软底防滑鞋，并正确穿戴个人防护用具。

（2）安全带等个人防护用品在使用前应进行外观检查，并确认是否在有效期内，是否有变形、破裂等情况，禁止使用不合格的安全带。

（3）特殊高处作业应设有与地面联系的信号或通信装置，并由专人负责。

（4）高处作业下方危险区内禁止人员停留或穿行，高处作业的危险区应设围栏及"禁止靠近"的安全标志牌。禁区围栏与作业位置外侧间距一般为：Ⅰ级高处作业 2～4m、Ⅱ级高处作业 3～6m、Ⅲ级高处作业 4～8m、Ⅳ级高处作业 5～10m，任何人不准在禁区内休息或工作。

（5）高处作业的平台、走道、斜道等应装设不低于 1.2m 高的护栏（0.5～0.6m 处设腰杆），并设 180mm 高的挡脚板。

（6）在夜间或光线不足的地方进行高处作业，应设充足的照明。

（7）在电杆上进行作业前应检查电杆及拉线埋设是否牢固、强度是否足够，并应选用适合于杆型的脚扣，系好安全带。在构架及电杆上作业时，地面应有专人监护、联络。

2.4.3 施工作业时的安全要求

（1）施工过程中遇有六级及以上的大风以及暴雨、雷电、冰雹、大雾、沙尘暴等恶劣气候时，应停止露天高处作业。

（2）高处作业人员应正确使用安全带，宜使用全方位防冲击安全带，杆塔组立、脚手架施工等高处作业时，应采用速差自控器等后备保护设施。安全带及后备防护设施应高挂低用。高处作业过程中，应随时检查安全带绑扎的牢靠情况。

（3）高处作业地点、各层平台、走道及脚手架上堆放的物件不得超过允许载荷，施工用料应随用随吊。禁止在脚手架上使用临时物体（箱子、桶、板等）作为补充台架。

（4）高处作业所用的工具和材料应放在工具袋内或用绳索拴在牢固的构件上，较大的工具应系保险绳。上下传递物件应使用绳索，不得抛掷。

（5）高处焊接作业时应采取措施防止安全绳（带）损坏。

（6）高处作业人员上下杆塔等设施应沿脚钉或爬梯攀登，在攀登或转移作业位置时不得失去保护。杆塔上水平转移时应使用水平绳或设置临时扶手，垂直转移时应使用速差自控器或安全自锁器等装置。禁止使用绳索或拉线上下杆塔，不得顺杆或单根构件下滑或上爬。杆塔设计时应提供安全保护设施的安装用孔。

（7）下脚手架应走斜道或梯子，不得沿绳、脚手立杆或横杆攀爬。

（8）攀登无爬梯或无脚钉的杆塔等设施应使用相应工具，多人沿同一路径上下同一杆塔等设施时应逐个进行。

（9）在霜冻、雨雪后进行高处作业，人员应采取防冻和防滑措施。

（10）高处作业人员不得坐在平台、孔洞边缘，不得骑坐在栏杆上，不得站在栏杆外作业或凭借栏杆起吊物件。

（11）严禁上下同时垂直作业。若特殊情况必须垂直作业，应经有关领导批准，并在上下两层间设专用的防护棚或者其他隔离设施。

2.5　高处作业事故预防和营救

事故是人的不安全行为和物的不安全状态两大因素作用的结果，换言之，人的不安全行为和物的不安全状态，就是潜在的事故隐患。预防事故，就是要消除人和物的不安全因素，实现作业行为和作业条件安全化。

2.5.1　事故预防

（1）开展安全思想教育和安全规程制度教育，提高作业负责人和登高作业人员的安全意识。

（2）进行高处作业安全知识岗位培训，提高作业人员的安全技术素质，加强高处作业技能、技巧学习和处理意外事故的应变能力。

（3）严格执行标准化作业，按照安全操作规程和程序进行作业。特别对于高处特种作业人员，应加强标准化作业管理，避免误操作而导致事故发生。

（4）作业管理人员、作业负责人应加强高处作业人员的精神状态管理，注重均衡生产，注意劳逸结合，防止作业人员情绪化作业而导致不安全行为。

（5）加强高处防坠装置的研制，采用新工艺、新技术、新设备改善作业条件。如实现机械化、自动化操作，尽量减少人员高处作业。

（6）加强安全技术的研究，如采用安全防护装置隔离危险部位。

（7）尽量选用适合作业场所和作业人员的高安全性的个体防护用具。

（8）定期开展安全检查，及时发现和消除安全隐患。加强现场踏勘工作，对于现场存在的风险因素及时制定安全措施。

（9）定期对作业条件进行安全评价，以便采取安全措施，保证作业的安全要求。当作业性质发生较大变化或者作业人员发生变化时，及时对作业条件作出安全评价，做好安全防范措施。

2.5.2　高空营救

当高处作业人员不慎滑落或跌落时，可以利用营救包按照下列两种方案进行营救。

方案一：

（1）同作业组成员（第一营救者）应快速拿到营救包，赶至被营救者的上方。

（2）打开营救包，将挂钩牢固地攀挂在固定点上（如角钢、金具等处），再将连接器扣入营救者全身式安全带的前胸悬挂环，双手协调控制下降器，沿挽索迅速下降到被营救者身旁止停，用一根两端均配置连接器的挽索，分别连接营救者全身式安全带的前胸悬挂环和被营救者全身式安全带的前胸或后背悬挂环，检查确认连接无误后，卸除被营救者身上原有的挽索连接器。营救者再双手协调控制下降器，携带被营救者沿挽索迅速下降至地面，如图 2-3 所示。

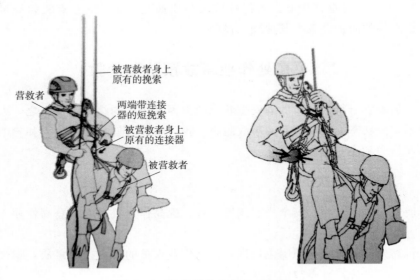

图 2-3　连接器连接方式（方案一）

（3）整个营救过程如图 2-4 所示。

方案二：

（1）同作业组成员（第一营救者）应快速拿到营救包，赶至被营救者的上方。

（2）打开营救包，将挂钩牢固地攀挂在固定点上（如角钢、金具等处），再将连接器

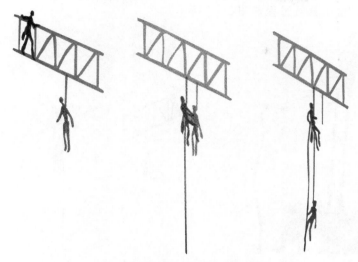

图 2-4　营救过程（方案一）

扣入营救者全身式安全带的前胸悬挂环，双手协调控制下降器，沿挽索迅速下降到被营救者身旁止停，用一根两端均有配置连接器并配备滑轮系统的副挽索，将此副挽索所配置的滑轮挂钩固定在主挽索上，副挽索的一端连接营救者全身式安全带前胸挂环，另一端连接被营救者全身式安全带的前胸或后背悬挂环，检查确认连接无误后，营救者通过提拉副挽索将被营救者提升一定高度，卸除被营救者身上原有的挽索连接器，如图 2-5 所示。

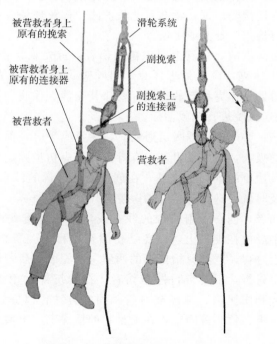

图 2-5　连接器连接方式（方案二）

（3）营救者再控制下降器，控制释放副挽索的速度，将被营救者沿挽索下降至地面，如图 2-6 所示，整个营救过程如图 2-7 所示。

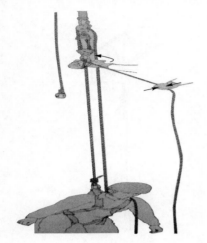 

图 2-6　被营救者下降方式　　　　图 2-7　营救过程（方案二）

2.5.3　事故急救

高处坠落或物体打击紧急救护的基本原则是在现场采取积极措施，保护伤员的生命，减轻伤情，减少痛苦，并根据伤情需要，迅速与医疗急救中心（医疗部门）联系救治。急救成功的关键是动作快、操作正确。任何拖延和操作错误都会导致伤员伤情加重或死亡。

现场作业人员应定期接受培训，学会紧急救护法。作业现场应配备急救箱，存放急救用品，并指定专人进行检查、补充或更换。

（1）当发生高处坠落事故，应马上组织抢救伤者，首先观察伤者的受伤情况、部位、伤害性质，如伤员发生休克，应先处理休克；遇呼吸、心跳停止者，应立即进行人工呼吸、胸外心脏按压。对处于休克状态的伤员，要让其安静、保暖、平卧、少动，并将其下肢抬高 20°左右，尽快送医院进行抢救治疗。

（2）出现颅脑外伤，必须维持呼吸道通畅。昏迷者应平卧，面部转向一侧，以防舌根下坠或分泌物、呕吐物吸入，发生喉阻塞。有骨折者，应初步固定后再搬运。遇有凹陷骨折、严重的颅底骨折及严重的脑损伤伤员，在创伤处用消毒的纱布或清洁布等覆盖伤口，用绷带或布条包扎，及时就近送到有条件的医院治疗。

（3）发现脊椎受伤者，创伤处用消毒的纱布或清洁布等覆盖伤口，用绷带或布条包扎。搬运时，将伤者平卧放在硬板上，以免受伤的脊椎移位、断裂造成瘫痪，导致死亡。抢救脊椎受伤者的搬运过程，严禁只抬伤者的两肩与两腿或单肩背运。

（4）发现伤者手足骨折，不要盲目搬运伤者。在骨折部位用夹板把受伤位置临时固定，使断端不再位移或刺伤肌肉、神经或血管。固定方法：以固定骨折处上下关节为支撑，可就地取材，用木板、竹头等固定，在无材料的情况下，上肢可固定在身侧，下肢与健侧下肢缚在一起。

（5）遇有创伤性出血的伤员，应迅速包扎止血，使伤员保持在头低脚高的卧位，并注意保暖。

（6）动用最快的交通工具或其他措施，及时把伤者送往邻近医院抢救，运送途中应尽量减少颠簸。同时注意伤者的呼吸、脉搏、血压及伤口的情况。

高空坠落伤害现场处置流程图如图2-8所示。

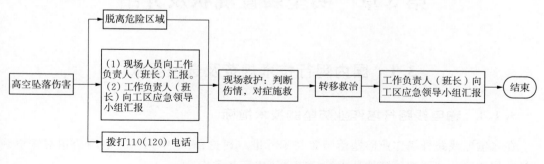

图2-8　高空坠落伤害现场处置流程图

第 3 章　防坠装置现状及介绍

3.1　国内现行技术规范及选型要求

3.1.1　输电线路杆塔作业防坠的技术指标

在《输电线路杆塔作业防坠落装置技术标准（讨论稿）》中，国家电网公司对输电线路杆塔作业防坠装置的关键性技术指标制订了以下相关内容：

（1）导轨及其安装附件正常寿命不小于杆塔设计寿命，防坠器（自锁器）寿命不少于 3 年。

（2）防坠器质量不宜大于 3kg。

（3）人员坠落时，作用于人体的冲击力不得超过 6kN。

（4）人员坠落距离不得大于 1.6m，防坠器锁止距离不大于 0.2m。

（5）防坠器与导轨锁止静荷载不小于 15kN，安全带破坏荷载不应小于 22kN，长度不大于 0.6m。

（6）导轨末端应设置防脱出装置，导轨转向处应设置转向器，转向过程中防坠器不得脱离导轨。

（7）防坠器在雨、霜、冷、热、油、尘等条件下应能正常工作，在冰、雪条件下应能采取除冰雪措施以确保安全。

（8）防坠装置应通过 100kg 的质量荷载冲击试验、15kN 的静荷载试验、各种工况下 5kg 荷载并重复 1000 次的可靠性试验等。

3.1.2　新建输电线路杆塔作业防坠装置的选型要求

在《国家电网公司新建线路杆塔作业防坠落装置通用技术规定（试行）》中，国家电网公司对新建输电线路杆塔作业防坠装置的选型提出了以下要求：

（1）防坠装置实行"四统一"，即统一导轨型式、统一材料材质、统一安装尺寸、统一关键部件。

（2）产品必须通过国家授权部门型式试验，通过省级及以上技术鉴定或评审，厂家必须具有相应的生产资质。

（3）垂直及倾斜导轨宜采用 T 型，材质宜采用 Q345 热镀锌钢，水平导轨宜采用 T 型，也可采用不锈钢钢绞线。

（4）导轨防坠器宜采用卡扣式或杠杆式，不锈钢绞线水平导轨直接采用安全带挂钩，可不使用防坠器。

（5）转向器应方便使用、灵活安全，材质宜采用 Q345 热镀锌钢，型式宜采用转盘式。

3.2 防坠装置介绍

3.2.1 防坠工器具

1. 防坠导轨

防坠导轨根据使用材料的不同大致分为刚性导轨和柔性导轨两种：刚性导轨使用硬质型材、张紧的钢丝绳、钢绞线等材料作为铁塔附件永久安装，通过夹具与杆塔相连，不需要对杆塔原结构进行改造；柔性导轨使用合成纤维绳、链条等柔性材料。防坠导轨如图3-1所示。

图3-1 防坠导轨

2. 防坠自锁器

防坠自锁器是指高处作业时，用于防止人体坠落的一种防护装置，一般可分为速差式防坠器、导轨式防坠器和绳式防坠器。防坠器及附件边缘应呈圆弧形，应无目测可见的凹凸等痕迹，壳体为金属材料时，所有铆接面应平整，无毛刺、裂纹等缺陷，壳体为工程塑料时，表面应无气泡、开裂等缺陷。自锁器是导向型防坠落装置的核心部件，自锁器具有自锁功能和导向设施，可随攀登者上下左右在轨道上移动。一旦人体发生坠落，自锁器会自动锁定在导轨上，阻止人体进一步坠落。防坠自锁器如图3-2所示。

3. 收放型防坠装置

收放型防坠落装置（速差自控器）用于杆塔短距离垂直攀登或安装附件时为作业人员提供全过程安全防护。由系带、速差自控器、连接器、缓冲器（可选）、安全绳等组成。

该装置与安全带配合使用，高挂低用，利用人体坠落时产生的速度差，通过棘齿制动等器内锁止系统瞬间锁止钢丝绳（或绳带），阻止人体继续坠落。钢丝绳放松后，鼓轮随即解锁，钢丝绳又可以自由拉出、收回；工作完毕钢丝绳自动收回到防坠器内。该装置适用于杆塔短距离垂直攀登和安装附件、调线时为作业人员提供全过程的安全防护。收放型防坠装置如图3-3所示。

4. 水平安全绳

水平安全绳适用于在铁塔水平移动距离较大时的安全防护，作业人员将安全带挂在水平安全绳上进行水平移动。水平安全绳有多种材质，如锦纶绳、塑套钢丝绳、钢绞线、钢筋等。水平安全绳仅作为高处作业特殊情况下为作业人员行走时的扶绳，严禁作安全带悬挂点使用。应进场前检查固定端或固定点是否有松动现象，钢丝绳是否有损伤和腐蚀、断股现象。水平安全绳如图3-4所示。

图 3-2　防坠自锁器

图 3-3　收放型防坠装置

图 3-4　水平安全绳

5．水平扶手（水平导轨）

水平扶手适用于在大间隔部位或杆塔头部水平转移时，需增设水平绳或水平扶手。一般高处作业临边护栏水平扶手设置高度为1.2m。塔上水平导轨用于保护杆塔上作业人员水平移动时的防坠安全。水平导轨高度应保持在距横担下主材800～1200mm的位置，同时应结合导轨固定点位置，考虑最优安装高度，导轨布置原则上不应超出杆塔外轮廓，末端应设置防脱出装置，避免因误操作导致防坠器意外滑出。水平扶手如图3-5所示、水平导轨如图3-6所示。

图 3-5　水平扶手

图 3-6　水平导轨

3.2.2　高处作业辅助机具

1．脚手架

脚手架又名架子，广泛应用于建筑安装与维修施工。作业人员可以在上面施工操作、堆放材料，有时还要在上面进行短距离水平运输。在输电线路施工中主要应用于板式、台阶式基础的施工。脚手架如图3-7所示。

脚手架的搭设和使用必须严格执行有关的安全技术规范。

（1）施工用脚手架应符合国家、行业相关标准规范的要求，荷重超过 3kN/m² 或高度超过 24m 的脚手架应进行设计、计算，并经施工技术部门及安全管理部门审核、技术负责人批准后方可搭设。

（2）脚手架安装与拆除人员应持证上岗，非专业人员不得搭、拆脚手架。作业人员应戴安全帽、系安全带、穿防滑鞋。

（3）脚手架安装与拆除作业区域应设围栏和安全标示牌，搭拆作业应设专人安全监护，无关人员不得入内。

图 3-7　脚手架

（4）遇六级及以上风、浓雾、雨或雪等天气时应停止脚手架搭设与拆除作业。

（5）脚手架搭设后应经使用单位和监理单位验收合格后方可投入使用，使用中应定期进行检查和维护。

2. 高空作业车（高处作业平台）

高空作业车是指运送工作人员和使用器材到现场并进行空中作业的专用车辆。一般应用于 35kV 及以上输电线路施工中，按其升降机构的形式，可分为伸缩臂式（直臂式）、折叠臂式（曲臂式）、垂直升降式和混合式四种基本形式。高空作业车（包括绝缘型高空作业车、车载垂直升降机）应按《高空作业车》（GB/T 9465—2008）的规定进行使用、试验、维护与保养。

高空作业车的规格一般以最大平台高度和平台额定荷载两项主要参数加以标识，其规格参数见表 3-1。

表 3-1　　　　　　　　　　　高空作业车规格参数

参数名称	基本规格
最大平台高度/m	1、2、2.5、3、4、5、6、8、10、12、14、16、18、20、25、32、35、40、45、50、55、60、65、70
平台额定荷载/kgf	100、125、160、200、250、300、320、400、500、600、630、800、1000、2000

图 3-8　高空作业车

高空作业车一般由作业平台、液压系统、电气系统、操作系统、安全保护装置组成。

自制的汽车吊高处作业平台应经计算、验证，并制定操作规程，经施工单位分管领导批准后方可使用。使用过程中应定期检查、维护与保养，并做好记录。高空作业车如图 3-8 所示。

3. 下线挂梯

下线挂梯是作业人员由横担上下绝缘子或导线上工作所用的梯子，分软梯、直梯等，一般与速差自控器配套使用。下线挂梯如图 3-9 所示。

图 3-9　下线挂梯

4. 脚扣

脚扣是套在鞋上爬电线杆子用的一种弧形铁制工具。脚扣按结构形式分类可分为固定式脚扣和可调式脚扣。常用的橡胶防滑脚扣主要由踏板、防滑橡皮、扣体、扣带组成。钩体采用符合《合金结构钢》（GB/T 3077—2015）要求的材料，其机械性能应能达到脚扣试验规定要求。扣体采用符合《优质碳素结构钢》（GB/T 699—2015）要求的材料，其机械性能应达到脚扣试验规定的要求。各金属件不允许有焊补、毛刺，所有焊接处表面均应平整光洁、无伤痕、无气孔和夹渣。脚扣如图 3-10 所示。

5. 登高板

登高板又称踏板，由脚板、绳索、铁钩组成。脚板由坚硬的木板制成，绳索为 16mm 多股白棕绳（麻绳）或尼龙绳，绳两端系结在踏板两头的扎结槽内，绳顶端系结铁挂钩，绳的长度应与使用者的身材相适应。踏板和绳均应能承受 300kg 的重量。登高板如图 3-11 所示。

图 3-10　脚扣

图 3-11　登高板

6. 高处吊篮

高处吊篮是指悬挂机构架设于建筑物或构筑物上，提升机驱动悬吊平台通过钢丝绳沿立面上下运行的一种非常设悬挂设备。一般由悬吊平台、提升机、悬挂机构、安全锁、钢丝绳、绳坠铁、警示标志等部件及配件组成。电动高处吊篮还有限位止档、电缆、电气控制箱等部件。高处作业吊篮按《高处作业吊篮》（GB 19155—2003）的规定使用、试验、维护与保养。高处吊篮的主要参数用额定载重量表示，见表3-2。

表3-2 高处吊篮的主要参数

参数名称	主要参数
额定载重量/kg	100、150、200、250、300、350、400、500、630、800、1000、1250

常用高处吊篮如图3-12所示。

图3-12　高处吊篮

3.2.3　高处作业个人防护用具

1. 安全帽

安全帽是指对人头部受坠落物及其他特定因素引起的伤害起防护作用的帽子。它是防冲击的主要用品，可以承受和分散落物的冲击力，并保护或减轻由于高处坠落头部先着地面的撞击伤害。安全帽由帽壳、帽衬、下颚带、附件组成，具体说明见表3-3。安全帽产品种类众多，目前输电线路施工使用的安全帽主要为塑料安全帽，如图3-13所示。

表3-3 安 全 帽 结 构 说 明

组成结构		说明
帽壳（安全帽外表面的组成部分）	帽舌	帽壳前部伸出的部分
	帽檐	在帽壳上，除帽舌以外帽壳周围其他伸出的部分
	顶筋	用来增强帽壳顶部强度的结构
帽衬（帽壳内部部件的总称）	帽箍	绕头围起固定作用的带圈，包括调节带圈大小的结构
	吸汗带	附加在帽箍上的吸汗材料
	缓冲垫	设置在帽箍和帽壳之间吸收冲击能量的部件
	衬带	与头顶直接接触的带子
下颚带（系在下巴上，起辅助固定作用的带子）	系带	紧卡是调节与固定系带有效长短的零部件
	锁紧卡	
附件		附加于安全帽的装置。包括：眼脸部防护装置、耳部防护装置、主动降温装置、电感应装置、颈部防护装置、照明装置、警示标志等

图 3 - 13　安全帽

2. 安全带

安全带是将坠落人员安全悬挂在空中的防护用品，一般由系带、连接器、缓冲器（可选）、安全绳等组成。目前输电线路施工使用的是双保险全方位安全带，该安全带对人体保护更为全面，使用时两根安全绳同时工作，起到双保险作用，保证了人体坠落后身体不会从安全带中脱出。系带和安全绳材料应根据《安全带》（GB 6095—2009）规定，带体需采用高强度涤纶织带或更高强度的纤维材质加工而成。金属配件表面应光洁，无麻点和裂纹，且经过 48h 盐雾试验无腐蚀。配件均采用锻造和冲压，无焊接。双保险绳全方位安全带如图 3 - 14 所示。

3. 缓冲器

缓冲器是指在安全带和安全绳之间，当人体坠落时，能吸收部分冲击能量，对人体起缓冲作用的一种装置。高空防坠缓冲器一般用于全方位安全带和速差自控器中，连接在安全绳上的缓冲器应符合《坠落防护 缓冲器》（GB/T 24538—2009）的规定，并应在安全绳完全收回时位于速差自控器外部。速差自控器内部的缓冲器不应影响速差自控器正常锁止功能，不应对安全绳产生不正常的磨损。缓冲器如图 3 - 15 所示。

图 3 - 14　全方位安全带

图 3 - 15　缓冲器

3.3　防坠装置的使用

防坠装置的制造与使用应符合国家和行业相关法律法规、行政法规、强制性标准及技术规程要求，专用工具和器具的管理应符合《国家电网公司电力安全工器具管理规定》（国家电网安监〔2005〕516 号）的要求。无生产许可证、产品合格证、安全鉴定证及生产日期的安全工器具，应禁止采购和使用。

3.3.1　防坠工器具的使用

（1）防坠工器具每次使用前应进行检查，看外形有无变形，防坠器制动块是否有卡住现象，检查连接绳、连接器（安全扣、挂钩）是否牢靠与完好，并在低处做锁定试验，确保灵活性与可靠性，性能正常后方可使用。

（2）防坠导轨应纳入杆塔的维护管理，经坠落冲击后的导轨应有专业人员检查受力部位的导轨和安装点，确认可靠后再使用。巡检时重点检查安装点、连接处是否可靠，发现问题应及时紧固并恢复。导轨外观检查是否锈蚀，如有锈蚀应予处理。

（3）防坠自锁器应纳入个人安全工器具管理。防坠自锁器应登记编号，并要求记录防坠自锁器的启用时间、试验时间及报废时间等，应放置于干燥的环境中，防止锈蚀、野蛮抛扔或重力撞击，防止受损。

（4）使用时应认真查看防坠装置的防护范围和悬挂要求。速差自控器应连接在人体胸前或后背的安全带挂点上，移动时应缓慢，禁止跳跃。禁止将速差自控器锁止后悬挂在安全绳上作业。

3.3.2 高处作业辅助机具的使用

1. 脚手架

（1）脚手架使用过程中，应定期对脚手架及其地基基础进行检查和维护，特别是在作业层上施加载荷前、遇大雨和六级及以上大风后、寒冷地区开冻后、停用时间超过一个月后。

（2）作业层上的施工荷载应符合设计要求，不得超载，不得在脚手架上集中堆放模板、钢筋等物件，严禁在脚手架上拉揽风绳，固定或架设模板支架、混凝土泵、输送管等，严禁悬挂起重设备。

（3）六级及以上大风和雨、雪、雾天气不得进行脚手架上作业。

（4）在脚手架使用期，严禁拆除主节点处的纵、横向水平杆，纵、横向扫地杆，连墙件。

（5）不得在脚手架基础及邻近处进行挖掘作业。

（6）临街塔设的脚手架外侧应有防护措施，以防坠物伤人。

（7）在脚手架上进行电焊、气焊作业时，必须有防火措施和专人看守。

（8）严禁沿脚手架外侧任意攀登。

（9）脚手架与架空输电线路的安全距离、工地临时用电线路架设及脚手架接地、避雷措施等应按现行行业标准《施工现场临时用电安全技术规范》（JGJ 46—2005）的有关规定执行。

2. 高空作业车

高空作业车有时会用于带电作业，因此，也要采用绝缘，以防带电作业或雷雨天气高空作业等情况。

高空作业车带电作业可以按绝缘的和采用绝缘工具来实现，一般有间接作业法和直接作业法两种。

间接作业法是以绝缘工具为主绝缘、绝缘穿戴用具为辅助绝缘的作业方法。这种作业法是指作业人员与带电体保持足够的安全距离，通过绝缘工具进行作业的方法。

直接作业法是作业人员借助高空作业车的绝缘臂或绝缘梯直接接近带电体，人体各部分穿戴绝缘防护用具直接作业的方法。此作业方法要求高空作业有一定的绝缘能力。即：

(1) 用作主绝缘的绝缘平台一般包括内、外绝缘平台，绝缘操作平台和绝缘臂的表面应平整、光洁，无凹坑、麻面现象，憎水性强。

(2) 绝缘臂的最小有效绝缘长度见表3-4。

表 3-4   绝缘臂的最小有效绝缘长度

名称	数值					
额定电压/kV	10	35	66	110	220	330
最小绝缘长度/m	1.0	1.5	1.5	2	3	3.8

(3) 绝缘高空作业车应根据说明书和标牌上标明的绝缘体的绝缘范围以及额定电压进行作业，按照说明书要求的绝缘检测电压进行定期绝缘检测。

3. 下线挂梯

(1) 软梯标志应清晰，每股绝缘绳索及每股线均应紧密绞合，不得有松散、分股的现象。

(2) 软梯绳索各股及各股中丝线均不应有叠痕、凸起、压伤、背股、抽筋等缺陷，不得有错乱、交叉的丝、线、股。

(3) 软梯接头应以单根丝线连接，不允许有股接头。单丝接头应封闭于绳股内部，不得露在外面。

(4) 使用软梯进行移动作业时，软梯上只准一人作业。作业人员到达梯头上进行作业和梯头开始移动前，应将梯头的封口可靠封闭，否则应使用保护绳防止梯头脱钩。

(5) 在瓷横担线路上禁止挂梯作业，在转动横担的线路上挂梯前应将横担固定。

4. 脚扣

(1) 使用前，必须检查弧形和环部分有无裂纹、腐蚀，脚扣皮带有无损坏，若已损坏应立即修理或更换。

(2) 登杆前，脚扣要进行人体冲击试验，同时检查脚扣皮带是否牢固可靠。

(3) 特殊天气使用脚扣时应采取防滑措施。

(4) 脚扣应存放在干燥、通风的场所中，不得与酸、碱等腐蚀性化学物质和有机溶剂接触。

5. 登高板

(1) 使用前应检查登高板外观有无裂纹、腐蚀，并经人体冲击试验合格后再使用。

(2) 登高作业动作要稳，操作姿势要正确，禁止随意从杆上向下扔登高板。

(3) 每年应对登高板绳子做一次静拉力试验，合格后方能使用。

(4) 登高板应存放在阴凉、干燥、通风的场所中，不要使用绳、带和酸、碱等腐蚀性化学物质和有机溶剂接触。

(5) 使用结束后，应及时做好脚板和绳、带的清洁工作，自然干燥后收存，以防霉烂。

(6) 绳索应盘好，很松地挂在木架上，不可折叠，不可在其上堆放重物，不要在地面上、物件棱角上拖拉绳，以免绳被磨损，或因石屑嵌入绳内导致绳的损伤。

6. 高处吊篮

(1) 高处吊篮产权单位、使用单位应当建立高处吊篮的检查和维护保养制度，制定安全操作规程。

（2）高处吊篮作业时，应严格按照操作规程进行操作，维护人员应经常性地对高处吊篮进行检查，掌握机械状况变化和磨损发展情况。及时进行维护保养，消除隐患，预防突发故障和事故。

3.3.3 高处作业个人防护用具的使用

1. 安全帽

（1）安全帽永久标识和产品说明等标识应清晰、完整，安全帽的帽壳、帽衬、帽箍扣、下颚带等组件应完好无缺失。

（2）帽壳内外表面应平整光滑，无划痕、裂缝和孔洞，无灼烧、冲击痕迹。

（3）帽衬与帽壳应连接牢固，后箍、锁紧卡等开闭调节灵活，卡位牢固。

（4）使用期从产品制造完成之日起计算，其中塑料和纸胶帽不得超过两年半；玻璃钢橡胶帽不超过三年半。使用期满后，要进行抽查测试，合格后方可继续使用，抽检时，每批从最严酷使用场合中抽取，每项试验试样不少于 2 顶，以后每年抽查一次，有 1 项不合格则该批安全帽报废。

（5）任何进入生产、施工现场的人员均应正确戴好安全帽。针对不同的生产场所，根据安全帽产品说明选择适用的安全帽。

（6）安全帽戴好后，应将帽箍扣调整到合适的位置，锁紧下颚带，防止作业中前倾、后仰或其他原因造成滑落。

（7）受过一次强冲击或做过试验的安全帽不能继续使用，应予以报废。

2. 安全带

（1）安全带商标、合格证和检验证等标识应清晰完整，各部件应完整无缺失、无伤残破损。

（2）腰带、围杆带、肩带、腿带等带体应无灼伤、脆裂及霉变，表面不应有明显磨损及切口；围杆绳、安全绳应无灼伤、脆裂、断股及霉变，各股松紧一致，绳子应无扭结；护腰带接触腰的部分应垫有柔软材料，边缘圆滑无角。

（3）金属配件表面应光洁，无裂纹、无严重锈蚀和目测可见的变形，配件边缘应呈圆弧形；金属环零件不允许使用焊接，不应留有开口。

（4）金属挂钩等连接器应有保险装置，应在两个及以上明确的动作下才能打开，且操作灵活。钩体和钩舌的咬口应完整，两者不得偏斜。各调节装置应灵活可靠。

（5）安全带穿戴好后应仔细检查连接扣或调节扣，确保各处绳扣连接牢固。

（6）在电焊作业或其他有火花、熔融源等场所使用的安全带或安全绳应有隔热防磨损套。在高温、腐蚀等场合使用的安全绳，应穿入整根具有耐高温、抗腐蚀性能的保护套，或采用钢丝绳式安全绳。

（7）安全带的挂钩或绳子应挂在结实牢固的构件或挂在安全带专用的安全绳上，并应采用高挂低用的方式。禁止将安全带系在移动或不牢固的物体上（瓷横担、未经固定的转动横担、线路支柱绝缘子、避雷器支柱绝缘子等）。

3. 缓冲器

（1）缓冲器所有部件应平滑，无材料和制造缺陷，无尖角或锋利边缘。

（2）织带型缓冲器保护套应完整，无破损、开裂等现象。

（3）缓冲器与安全绳及安全带配套使用时，作业高度要足以容纳安全绳和缓冲器展开的安全坠落空间。

（4）禁止多个缓冲器串联使用。

（5）缓冲器与安全带、安全绳连接应使用连接器，禁止绑扎使用。

第4章 基础施工防坠

4.1 基础类型及其特点

基础是杆塔的地下部分，它承受杆塔及导线、地线系统传递下来的自重、风荷载、覆冰荷载、施工安装荷载、输电线路运行中不平衡张力及事故状态断线张力荷载等，并将其承受的荷载传递给周围的地基土壤。所以，基础的稳定就包括要求自身具有足够的强度和稳定性，也要求地基土壤有足够的强度和抗变形的能力。

基础施工是输电线路工程施工的重要步骤，是输电工程施工的三大基本工序（基础施工、杆塔施工、架线施工）之一。基础工程属于隐蔽工程，其施工的安全性、可靠性、经济性对整个线路工程有着重大的影响。就我国的基础施工水平而言，整体机械化施工程度仍较低，各类施工安全防护措施并未严格落实。所以，在工程施工中除了应选用合理的施工方案、落实安全防护措施、精心组织施工、做好现场安全防护和布置外，还应加强研究，改进、创新施工工艺和工器具，提高基础施工中的标准化、机械化、自动化水平，提高工作效率，减少施工作业人数，切实降低各类安全事故的发生概率，做到高效、文明、安全施工。

影响基础施工的因素如下：

（1）线路路径中的地质、地形、水文情况。

（2）施工条件。

（3）杆塔型式。

（4）荷载情况。

（5）经济性等。

基础施工应综合考虑以上因素，选择最佳的基础结构，在实践中予以验证并推广应用于输电线路工程中。常见的基础类型有掏挖式基础、灌注桩基础、台阶式基础、板式基础、岩石嵌固基础、岩石锚杆基础、斜插式基础、复合沉井式基础和联合基础等。

1. 掏挖式基础

掏挖式基础分全掏挖和半掏挖两种，适用无地下水的硬塑黏性土地基。在基坑施工可成型的情况下，开挖基坑时不扰动原状土，避免大开挖后再填土。基础承受上拔荷载时，原状土的内摩擦角和黏聚力得以充分发挥作用。这种基础型式也显示了较高的经济效益和环境效益，根据以往工程的统计，由于各线路地质条件的不同等原因，采用全掏挖基础比用台阶式基础节约钢材和混凝土分别为 3%～7% 和 8%～20%。

优点：结构合理，可减少基础土石方开挖工程量，节省钢筋和混凝土的用量，降低工程造价。

缺点：对土质、地下水情况等施工现场环境要求高，机械化程度低，施工进度慢。

掏挖式基础示意图如图 4-1 所示。

2. 灌注桩基础

对于地质条件为流塑、地基持力层较深且基础作用力较大的耐张塔或直线塔，使用钻孔灌注桩基础是设计中广泛采用的一种方法。主要是桩周与土的摩擦力和桩端承载力承担基础上拔力和下压力。

优点：施工方便，安全可靠，占地少，尤其适合城区使用。

缺点：施工费用较高，用人工施工时危险因素大。

灌注桩基础示意图如图 4-2 所示。

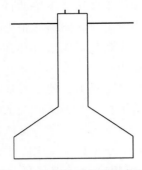 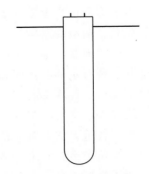

图 4-1　掏挖式基础示意图　　　　图 4-2　灌注桩基础示意图

3. 台阶式基础

台阶式基础是传统的基础型式，适用各类地质条件和各种塔型，其特点是大开挖，采用模板浇制，成型后再回填土，利用土体与混凝土重量抗拔，基础底板刚性抗压，不配钢筋。由于台阶式基础混凝土量较大，埋置较深，易塌方及有流沙地区难以达到设计深度，因此在此类地区应尽量少用。

优点：刚性抗压好。

缺点：开挖土方量大，基础混凝土用量大。

台阶式基础示意图如图 4-3 所示。

4. 板式基础

板式基础的主要设计特点是：底板大、埋深浅、底板较薄，底板双向配筋承担由铁塔上拔、下压和水平力引起的弯矩和剪力。与台阶式基础相比，埋深浅，易开挖成形，混凝土量能适当降低，但钢筋量增加较多。与灌注桩基础相比，在软弱地基中应用较为广泛。它施工方便，特别是对于软、流塑黏性土、粉土及粉细砂等基坑不易

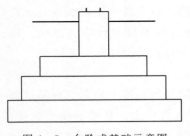

图 4-3　台阶式基础示意图

成型的塔位。

优点：易开挖成型，混凝土量能适当降低。

缺点：钢筋用量大，占地面积大。

板式基础示意图如图 4-4 所示。

5. 岩石嵌固基础

岩石嵌固基础型式适用于覆盖层较浅或无覆盖层的强风化岩石地基，其特点是底板不配筋，基坑全部掏挖。需要时，可将主柱的坡度设置与塔腿主材坡度相同，以减小偏心弯矩，还可省去地脚螺栓。由于该基型充分利用了岩石本身的抗剪强度，混凝土和钢筋的用量都较小，同时减少了基坑土石方量，浇制混凝土不需要模板。

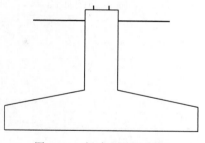

图 4-4 板式基础示意图

优点：上拔稳定，具有较强的抗拔承载能力，施工费用较低。

缺点：岩石掏挖难度大。

岩石嵌固基础示意图如图 4-5 所示。

6. 岩石锚杆基础

岩石锚杆基础适用于中等风化以上的整体性好的硬质岩。该基础型式是在岩石中直接钻孔、插入锚杆，然后灌浆，使锚杆与岩石紧密黏结，充分利用了岩石的强度，从而大大降低了基础混凝土和钢材的用量。

优点：节省混凝土和钢材用量，节省施工费用。

缺点：施工前需逐基鉴定岩石的完整性。

岩石锚杆基础示意图如图 4-6 所示。

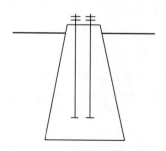

图 4-5 岩石嵌固基础示意图

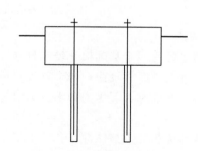

图 4-6 岩石锚杆基础示意图

7. 斜插式基础

斜插式基础的主要特点是基础主柱坡度与塔腿主材坡度一致，塔腿主材角钢直接插入基础混凝土中，使基础水平力对基础底板的影响降至最低。在正常条件下，基础土体上拔稳定、下压稳定和基础强度计算可忽略水平力的影响。与大板基础相比，由于偏心弯矩大大减小，下压稳定控制的基础底板尺寸可相应减小，从而降低了混凝土量和底板配筋量。由于省去了塔座板和地脚螺栓，其钢材的综合指标降低了 25% 左右。斜插板式基础在平原、河网地区使用较多，

优点：节省基础材料，施工较为方便。

缺点：施工精度要求高。对于高压缩性软弱土地区，如引起基础的不均匀沉降，很难进行处理。

斜插式基础示意图如图 4-7 所示。

8. 复合沉井式基础

复合沉井式基础是针对地下水位较高的软土地基，尤其是容易产生"流沙"现象的软土地基的一种新型的基础型式。复合沉井式基础是由上、下两部分组成：上部分是方型台阶基础，下部是环形钢筋混凝土沉井，沉井顶端露出钢筋埋入台阶基础连成整体。基础的埋深在 4m 左右，沉井筒直径为 2.5m 左右，从基础深宽比来看，仍属于浅基础。

优点：为针对地下水位较高的软土地基而设计的新型基础类型。

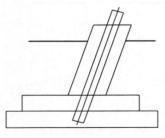

图 4-7　斜插式基础示意图

缺点：施工较为繁琐，设计不易成系列。

复合式沉井基础示意图如图 4-8 所示。

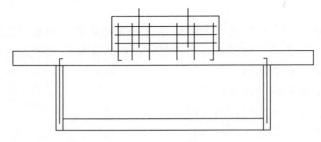

图 4-8　复合沉井式基础示意图

9. 联合基础

联合基础主要适用于基础根开较小且基坑难以开挖、板式基础上拔土体重叠的软弱土塔位，其设计特点是埋深较浅，四个基础整体浇制，靠基础底板上面的纵、横向加劲混凝土梁承担由基础上拔力、下压力和水平力引起的弯矩，底板与纵、横向加劲肋配筋，整体性好。

优点：基础抗各类力整体性好。

缺点：基础材料用量较大，施工较为繁琐，设计不易成系列。

联合基础示意图如图 4-9 所示。

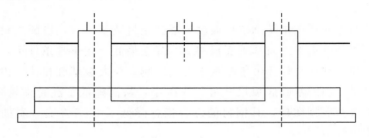

图 4-9　联合基础示意图

根据我国《高处作业分级》（GB 3608—2008）规定：在距坠落高度基准面 2m 及以上有可能坠落的高处进行的作业称之为高处作业。而对于输电线路基坑施工来说，这些基础类型的坑洞相对于坑底基准面的高度都远大于 2m。因此，基础施工的过程中做好基坑施工防高处坠落措施对于基础施工来说十分重要。

综合考虑基础的常见性和高处坠落风险典型性，本章仅介绍掏挖式基础、灌注桩基础、台阶式基础、板式基础四类基础及相关高处作业防坠措施。

4.2　基础施工流程及坠落因素

基础施工总体特点如下：

（1）线长、点多、类型杂。输电线路一般长达几十公里到几百公里，甚至上千公里。线路走径可能穿越崇山峻岭、丘陵沙漠、江河湖泊、湿地沼泽、农田耕地等。线路沿线设置几百座甚至几千座杆塔构筑物，将遇到各种地质类型。施工地点分散，施工方法多种多样，一般一个工作点不宜组织大型土方工程施工，只能因地制宜地选择不同的施工方式和施工方法。

（2）量大、繁重、用工多。输电线路土方工程施工，总体工程量大。在目前尚未研制出小型、灵活、高效的施工机械的情况下，一般仍采用人工重体力挖掘，耗用工时多。

（3）野外、多变、工期紧。输电线路土方工程均为野外露天作业。气候、地质、地貌、水文、施工方式方法等变化繁多，施工工期要求紧。基坑挖方要求在几天到十几天内完成，一个工程一般要求在几十天内完成。所以，当工程项目确定之后，要尽快研究确定施工方案和施工设计，既要保证施工安全和施工质量，又要达到工效高、效益好，有计划、按程序、科学地组织施工。

掏挖式基础、灌注桩基础、台阶式基础、板式基础施工工序图如图 4 - 10 和图 4 - 11 所示。

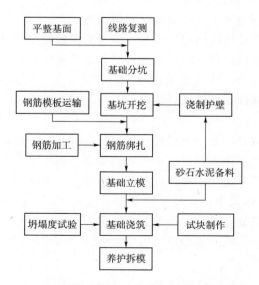

图 4 - 10　掏挖式基础、灌注桩基础施工工序图

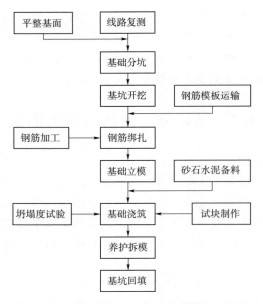

图 4-11　台阶式基础、板式基础施工工序图

基础施工主要按线路复测、基础分坑、基础开挖、钢筋绑扎、基础立模、基础浇筑、保养拆模、基础回填的工序施工，其中基础开挖、钢筋绑扎、基础立模、基础浇筑、养护拆模这 5 道施工工序存在较大的高处坠落风险，本章就重点分析这 5 道施工工序的高处防坠落措施。

4.2.1　基础开挖坠落因素

基础开挖主要包括杆塔基础坑、拉线坑、接地槽、排水沟和一般的施工基面土方的挖掘，其中涉及高处坠落事故的主要是杆塔基础坑的施工。

一般杆塔基础开挖分为人工开挖和机械开挖两种。

（1）人工开挖。由于输电线路的杆塔基坑单个工程量较小且分散，其总量又多，当不具备足够的机械设备或者山区作业时，只能采用人工开挖作业，这种方法主要的缺点就是不能从根本上改善体力劳动，涉及施工作业人员较多，事故风险也较大。如掏挖式基础，多用于山区基础作业，基础开挖机械设备搬运不便，因此，常采用人工开挖的方式进行基础开挖工作。

（2）机械开挖。机械开挖就是运用推土机、铲运机、挖土机、钻孔机等机械进行基础开挖工作。此种基础开挖作业方式适用于台阶式基础、板式基础、灌注桩基础等开挖土方量大、人工开挖难度大的基础。据统计，一台斗容量为 $1m^3$ 的单斗挖掘机的生产效率相当于 $300\sim400$ 个工人的工作效率。而且，对于深基坑的开挖，使用机械开挖可减少参与施工人员数量，大大降低高处坠落等事故的发生概率。

在基础开挖施工中，涉及坠落的因素可以大致分为两类，即基坑周围的坠落和上下基坑过程中的坠落。

1. 基坑周围的坠落

对于板式基础和台阶式基础这类基础施工来说，其基础开挖面积大，监护难以完全兼顾，尤其是当基础开挖达到预定深度时，基础周围都存在较高的坠落风险。

对于掏挖式基础和灌注桩基础这类基础施工来说，其基础坑洞小而深，在不装设围栏、盖板或者其他提示标识时，容易发生误踏入基坑的高处坠落事故。

此种情况，引发高处坠落事故的风险因素主要如下：

（1）坑洞无安全防护措施。

（2）洞口安全防护措施不牢固、不合格或者损坏未及时检查。

（3）没有明显警示标志。

（4）洞口操作不慎，身体失稳。

（5）休息、走动或者嬉闹，失足身落洞中。

2. 上下基坑过程中的坠落

在上下基坑的过程中，由于未使用或者错误使用安全防护设备，容易出现基坑内的坠落事故。

此种情况，引发高处坠落事故的风险因素主要如下：

（1）使用损坏的梯子或梯子超载断裂。

（2）人在梯子上时移动梯子。

（3）梯脚无防滑措施，使用时滑倒或垫高使用。

（4）梯子没有稳固或斜度大。

（5）在梯子上作业方法错误。

4.2.2 钢筋绑扎坠落因素

钢筋是混凝土结构中主要的承受拉力的材料。钢筋的绑扎是指将基础内部钢筋按设计要求用细铁丝绑扎起来，绑扎的位置在钢筋交叉点上。主柱和梁的箍筋转角与钢筋的交接点均应扎牢，钢筋与箍筋平直部分的相交点可成梅花式交错扎牢。输电线路常见的四种基础类型中，台阶式基础（立柱部分）、板式基础、掏挖式基础、灌注桩式基础一般都配有钢筋。

钢筋绑扎主要分为坑外绑扎和坑内绑扎两种。

坑外绑扎。在坑外搭设简易支架，根据设计图纸要求，将主筋和箍筋在支架上进行绑扎，绑扎前将箍筋按图纸尺寸规定的间距排好。然后先绑扎两端，再绑中间。

坑内绑扎。对于大开挖式基础因为钢筋多、布置密、体积大，必须在坑内绑扎。坑内绑扎顺序由下向上，底层钢筋应垫混凝土方块，钢筋网应均匀布置。坑内绑扎钢筋时，应按图纸要求排列布置钢筋。

对于掏挖式基础和灌注桩这类基础的钢筋绑扎可采用坑外制作的方法，在坑外绑扎完成后，人力或者吊机整体放入坑内，此种方法不会涉及高处作业，相对比较安全。

但当实际施工时存在坑洞较深、施工上空有运行带电线路等问题时，则应采用坑内制作或坑内外制作相结合的方法。

坑内外制作相结合的方法分为坑外制作和坑内制作两步。

坑外制作。在坑外先将加强架立筋和少数主筋等间距绑扎或焊接成型后，用吊车整体吊放或人力放入基坑内。

坑内制作。在坑内继续绑扎剩下的主筋和外箍筋，若钢筋笼较大，可能在其自重作用下就产生变形，则可在架立筋内加混凝土垫块支撑。

坑内制作时，通常需要在坑口装设钢梁或方木，用来固定钢筋网或骨架。在坑内搭设操作平台，用于坑内作业人员站立，从基坑下部逐步往上进行钢筋绑扎工作。

在坑内进行钢筋绑扎的时候，需要人员在坑内进行作业，此时则存在基坑内的坠落风险。

此种情况，引发高处坠落事故的风险因素主要如下：

（1）作业人员安全防护装备配置不齐全。

（2）未搭设坑内操作平台或平台搭设不稳固。

（3）作业期间，坑内外人员配合不好。

（4）在未搭设好上层操作平台前就拆除下层操作平台。

对于台阶式基础和板式基础，其开挖土方大，基坑空间较大，其钢筋则采用坑内绑扎的方法，与基础模板交错安装，此时可装设脚手架辅助，涉及高处作业。

此种情况，引发高处坠落事故的风险因素主要如下：

（1）绑扎高层钢筋时，站在下层钢筋上作业。

（2）攀登钢筋上下作业。

（3）未正确配置安全带、防护围栏、安全网等安全防护措施。

4.2.3　基础立模坠落因素

基础立模是指按基础的尺寸在基础坑里组合安装模板。混凝土的成型是用模板按基础设计图纸要求支立，模板既要保证混凝土的基础形状，又要承受混凝土的重量，混凝土成型后的质量外貌，主要是由模板支立时质量和工艺来保证。输电线路现场所用的模板有：木模板、胶合木模板和钢质模板。目前各施工单位常用的是钢质模板，少数情况，如台阶式基础的台阶处有时会采用木模板立模。

模板安装程序一般为：模板拼装→模板吊（安）装→坑内调整→加固支撑→安装地脚螺栓。

由于基础配筋及型式不同，有时需要与钢筋绑扎交叉作业。例如板式基础，底层需装设有地板钢筋时，待需装底层模板支平、找正完成后，先绑扎底板钢筋，再支两层模板。

对于掏挖式基础和灌注桩基础，一般仅在坑口安装模板，安装工作时间短，高处坠落风险较小。而对于台阶式基础和板式基础来说，基础外形全部需要模板来固定，并用模板脚手架支撑模板。一般立模和钢筋绑扎同时交替进行，此种情况下，基础立模的工作和钢筋绑扎类似，都存在高处坠落的风险。

因此，在基础立模阶段，引发高处坠落的事故风险因素主要如下：

（1）上下模板的支撑脚手架时，直接沿脚手架上下攀爬。

（2）安装、固定模板时，未使用安全带。

（3）支撑脚手架的连接件或钢材质量不过关。

（4）长时间在同一平面作业未设置水平安全绳、铺设脚手板或其他安全措施。

4.2.4 基础浇筑坠落因素

基础浇筑是指按设计要求的混凝土等级，确定混凝土配合比并称量材料（石、砂、水泥、水），然后搅拌成混凝土，并浇入模板，同时进行适当的振捣。可以细分为：混凝土搅拌（直接使用商品混凝土则无该步骤）、混凝土浇灌和混凝土振捣三步。

1. 混凝土搅拌

混凝土搅拌分为人工搅拌和机械搅拌两种方法。可根据现场地形、混凝土量大小、设备条件等选用其中一种方法或两种方法同时使用。如果工程招标书内要求机械搅拌时，则必须用机械搅拌。

人工搅拌混凝土应用平锹，在不小于 3 块 1.2m×2.4m 铁板上操作。铺设好的铁板三面略高，靠坑口面略低，形成拌板。搅拌一般采用"三干四湿"的方法，即水泥和砂干拌两次，加入石料后干拌一次，然后加水湿拌四次，以达到混凝土搅拌均匀的目的。

机械搅拌采用混凝土搅拌机，有电动及机动两种。使用搅拌机前，应将滚筒内浮渣清除干净，启动机器转动正常后才能投料。投料顺序一般是先砂、水泥、石，最后加水。搅拌时间不少于 1min。搅拌机使用完毕或中途停机时间较长，必须在旋转中用清水冲洗滚筒，然后再停机。

灌注桩基础、台阶式基础和板式基础由于浇筑方量大，在交通等条件允许的情况下，一般直接使用商品混凝土，则可省去混凝土搅拌环节，而掏挖式基础一般用于山区基础施工，混凝土车难以到达，难以使用商品混凝土直接浇灌，但尽量使用机械搅拌来减少人工参与，提高工作效率。

2. 混凝土浇灌

浇灌混凝土前应清除坑内泥土、杂物和积水。检查地脚螺栓及钢筋应符合设计要求，检查模板有无缝隙，必要时应用塑料胶带等封堵。下料时应从立柱中心开始，逐渐延伸至四周，应避免将钢筋向一侧挤压变形。浇筑的同时应进行混凝土的捣固，浇筑时应听从坑内捣固人员指挥，分层浇灌捣固。

混凝土浇灌时应注意浇灌高度。混凝土自高处倾落的自由高度不应超过 2m。并且在竖立结构中浇筑混凝土时，混凝土投料后不应发生离析现象。如浇灌高度超过 3m，浇灌时可沿模板内侧放置一个流滑混凝土的坡道，使混凝土沿坡道流入模板内。

3. 混凝土振捣

混凝土的振捣分人工振捣和机械振捣，振捣时应分层浇灌、捣固。

人工振捣时，每层厚度一般为 250mm 以下，在配筋密列的结构中为 150mm。

机械振捣，即使用插入式振捣器，每层厚度平板振捣器为 200mm，插入式振捣器为振动棒长度的 1.25 倍。一般施工大都使用插入式振捣器进行混凝土的捣固。

振捣时尤其要注意铁塔地脚螺栓周围的混凝土，应确实捣固密实。并且当浇灌一个塔腿的混凝土时，应连续进行，如必须停歇时，间歇时间应尽量缩短，并应在前层混凝土初凝之前，将次层混凝土浇筑完毕。

用插入式振捣器振捣混凝土应遵守下列规定：

（1）振捣器应由有混凝土施工经验的技工操作，并设监护人检查。

（2）使用振捣器有两种操作方法：一种是垂直地面插入振捣，另一种是斜向插入振捣。应根据混凝土基础部位合理选择操作方法：立柱宜用垂直插入法，底板或掏挖式基础的扩大头宜用斜向插入法。

（3）使用振捣器应当快插慢拔，插点均匀排列，逐点移动，有序进行。插点不得遗漏，要求均匀振实。

（4）每一位置的振捣时间，应能保证混凝土获得足够的捣实程度，以混凝土表面呈现水泥浆和不再出现气泡、不再显著沉落为止。一般每次宜为 20～30s，不允许捣固过久，否则会漏浆。

（5）振捣上层混凝土时，应插入下一层混凝土 30～50mm，以消除两层间的接合缝。上层捣固好后，不许反过来再捣固下层。

基础浇灌完毕后，拆去地脚螺栓的丝扣保护套，再一次检查地脚螺栓根开和同组地脚螺栓中心对主柱中心的偏移，检查基础根开及对角线等尺寸是否符合设计要求，超出允许误差的，应在混凝土初凝前调整合格并在其周围灌浆。

整个基础浇制过程，混凝土搅拌、混凝土浇灌和混凝土振捣三个步骤都涉及高处作业，而其中使用商品混凝土浇制是用施工罐车运输搅拌好的混凝土，由泵车把混凝土输送到工作面，这种浇筑方法只需施工人员控制输送管道和捣固，相对于自拌混凝土浇制，涉及高处作业人员较少，相对于风险也较低。

因此，在基础浇制阶段，使用商品混凝土浇制引发高处坠落的事故风险点主要如下：

（1）灌注口立足面狭小，灌注作用力使身体失稳，重心超出立足地。

（2）没有防护栏杆或防护栏杆已经损坏。

（3）操作层下未铺设安全网。

自拌混凝土基础浇制时，引发高处坠落的事故风险点主要如下：

（1）作业通道没有防护栏杆或防护栏杆已经损坏。

（2）走动时踩空、绊、跌。

（3）脚踩探头脚手板。

（4）脚手板没有满铺或铺设不稳。

（5）落在脚手板上的混凝土未及时清理造成的人员滑倒。

（6）操作层下未铺设安全网。

4.2.5 保养拆模坠落因素

为使现浇混凝土有适宜的硬化条件，并防止其发生不正常的收缩，防止暴晒使混凝土表面产生裂纹，而对混凝土加以覆盖和浇水，称之为养护。一般养护自混凝土浇完后 12h 内开始浇水养护（炎热和干燥有风天气为 3h）。养护时应在基础模版外加遮盖物，浇水次数以能保护混凝土表面湿润为度。日平均气温小于 5℃时不得浇水养护，养护用水应与拌制混凝土用的水相同。浇水养护时应注意防滑，防止因水滑倒而造成的高处坠落事故。

混凝土达到一定硬度后方可进行模板拆除，拆除时应保证混凝土表面及棱角不受损坏。掏挖式基础和灌注桩式基础由于坑洞已浇筑，已不涉及高处作业；而台阶式基础和板式基础拆模时，基础尚未回填，仍有高处坠落风险。

因此，在养护拆模阶段，引发高处坠落的事故风险点主要如下：

（1）养护时踩水滑倒。

（2）拆除顺序混乱，使得受力部件承受不了而坍塌。

（3）站在不稳定部件上面或部件上有水。

（4）拆除工作未安装安全带。

（5）拆除时人员上下配合不好，人随重物坠落。

（6）操作者用力过猛，身体失稳。

4.3 基础施工防坠措施

基础防坠措施，施工人员可参照以下条款执行：

（1）涉及登高作业的人员必须经过专业培训和考试，持有高空作业许可证，并确保证件在有效期内。

（2）施工前确定现场有合格有效的安全带、梯子、软梯等安全器具。使用前，认真进行检查，不得使用不合格的安全器具。

（3）涉及高处作业人员应每年进行体检一次。

（4）正确佩戴检测合格的安全帽，穿工作服。

（5）确认每日工作内容及工作存在危险点，并在工作票上签字（具体见附录工作票部分）。

（6）工作现场不得嬉闹、打斗。

4.3.1 基础开挖防坠措施

1. 基坑周围防护

对于板式基础和台阶式基础这类开挖面积大的基础周围防护来说，应符合以下要求：

（1）在基础周边设置钢管扣件组装式安全围栏。

（2）使用前检查围栏是否牢固、可靠。

（3）围栏要与警告提示牌配合使用，有针对性地悬挂"当心坑洞""禁止跨越"等安全标志牌。

钢管扣件组装式安全围栏示意图如图 4-12 所示。

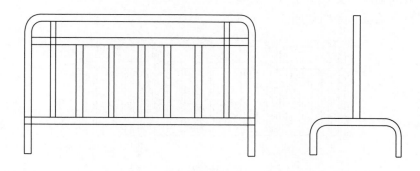

图 4-12 钢管扣件组装式安全围栏示意图

钢管扣件组装式安全围栏现场布置图如图 4-13 所示。

图 4-13　钢管扣件组装式安全围栏现场布置图

其中，安全标志现场设置图如图 4-14 所示。

图 4-14　安全标志现场设置

对于掏挖式基础和灌注桩这类基础施工来说，应在装设防护围栏、警示标识的基础上设置坑洞盖板或临时网盖，防止人员误踏孔口。

防护围栏及盖板示意图如图 4-15 所示。

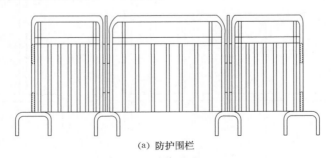

(a) 防护围栏

图 4-15（一）　防护围栏及盖板示意图

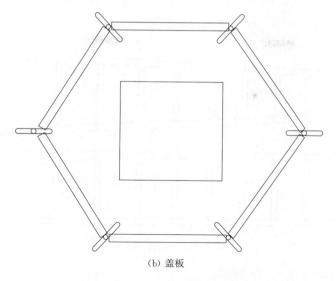

(b) 盖板

图 4-15（二）　防护围栏及盖板示意图

防护围栏及盖板现场设置图如图 4-16 所示。

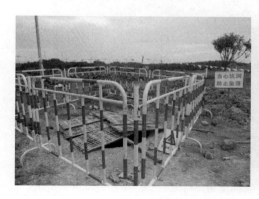

图 4-16　防护围栏及盖板现场设置图

2. 上下基坑防护

当基坑开挖深度大于 1.5m 时，上下基坑要使用梯子，必要时需配置速差防坠器、防坠绳等防护用具。现场常见梯子可分为硬梯和软梯两种。

硬梯一般是木质或竹质的，使用时应符合以下要求：

（1）使用前要进行安全检查。

（2）严禁两人同时使用同一梯子上下，人在梯子上不得移动梯子。

（3）梯脚要有防滑措施，严禁梯子垫高使用。

（4）梯子上端应与牢固构件扎牢或设专人扶住梯子。

（5）梯脚要靠牢稳，梯子与地面夹角不得大于 60°。

（6）上下梯子时，必须面向梯子，双手扶梯，不得手持器具。

（7）不得在梯子上进行施工作业，有特殊情况时，应由一脚钩住梯档。

硬梯示意图如图 4-17 所示。

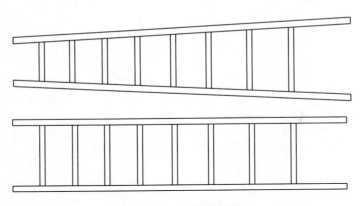

图 4-17　硬梯示意图

硬梯现场使用图如图 4-18 所示。

图 4-18　硬梯现场使用图

软梯与硬梯相比，软梯方便搬运，使用更加广泛，但也存在易磨损、不易攀爬等缺点，因此在使用应遵守以下规定：

（1）使用的软梯应定期进行承载试验，每次使用前对外观进行安全检查。

（2）如出现软梯绳磨损或梯档断裂等现象，应及时进行更换。

（3）软梯与坑洞边缘的接触面应加设防护垫，防止软梯磨损。

（4）软梯上方应固定在牢固的物体上，并设置保险装置。

（5）软梯不得固定在树根等不牢固物体上，必要时可加设地锚固定。

（6）使用时应放慢上下速度，保持软梯稳定、不晃动。

（7）使用时应有专人监护。

软梯现场使用图如图 4-19 所示。

软梯地锚现场设置图如图 4-20 所示。

图 4-19 软梯现场使用图

图 4-20 软梯地锚现场设置

4.3.2 钢筋绑扎防坠措施

掏挖式基础和灌注桩基础的坑内钢筋绑扎涉及高空作业，应遵守以下规定：

（1）作业人员应正确使用安全帽、安全带，速差防坠器等安全防护装备，并配有牢固的安全梯。

（2）坑内搭设的操作平台应稳固，其材料应满足承重要求，必要时应与钢筋做好固定工作。

（3）钢筋传递应听从坑内施工人员指挥，如出现意外情况，应使用安全软梯立即离开坑洞。

（4）逐层向上绑扎钢筋时，应先搭设好上方操作平台后再拆除下层操作平台。

台阶式基础和板式基础的坑内钢筋绑扎涉及高空作业，应遵守以下规定：

（1）绑扎钢筋和安装钢筋主筋时，可搭设支撑脚手架。

（2）绑扎钢筋时，不得站在钢筋骨架上和攀登上下。

（3）安全带应拴在稳固的主筋或水平钢管上，严禁低挂高用。

（4）在无可靠的安全带固定点时，应装设防护围栏或安全网。

（5）安全网使用前应检查安全网是否有腐蚀及损坏情况，要经常清理网内的杂物，待无高处作业时方可拆除。

（6）严禁失去保险后，进行水平移位。

（7）水平移动可配置水平安全绳，安全绳两端必须安全可靠并收紧，绳索和棱角接触处加衬垫。

4.3.3 基础立模防坠措施

台阶式基础和板式基础的模板安装时涉及高空作业，应遵守以下规定：

（1）模板安装应搭设模板支撑脚手架，上下脚手架应使用梯子。模板支撑脚手架的一般规定如下：

1）脚手架使用钢材需通过检验，检验合格方可使用。

2）搭设脚手架时施工人员系好安全带，要求递杆、撑杆施工人员密切配合。

3）长时间在同一平面绑扎钢筋应设置水平安全绳或者在脚手架上铺设脚手板。

（2）模板安装不得沿脚手架上下攀爬。

（3）固定模板时，安全带绑扎在平台钢管或主筋上，严禁失去保险后施工，严禁低挂高用。

模板支护现场图如图4-21所示。

图4-21 模板支护现场图

模板钢筋脚手架整体现场设置图如图4-22所示。

图4-22 模板钢筋脚手架整体现场设置图

4.3.4 基础浇筑防坠措施

使用商品混凝土进行基础浇筑时，一般只需要人员进行注入口控制和振捣工作，涉及高处作业人员较少，相对于风险也较低，但仍需注意以下规定：

（1）控制混凝土注入口的工作人员应站立在稳定的工作平台上。

（2）平台周围应设置围栏，防止泵车输送管道偏移引起人员高处坠落。

（3）工作平台和围栏应满足承重和受力要求。

人工浇筑参与人员较多时，高处坠落风险较大。

台阶式基础和板式基础的人工浇筑应注意以下规定：

（1）浇筑时应搭设施工通道，架设脚手架，铺设脚手板，并做好护栏和安全网布置。

（2）脚手板要平稳，不得有探头脚手板。

（3）振捣人员施工前，必须将安全带等保护装备拴在牢靠的主筋上。

（4）振捣人员在移位过程中不得失去保护。

（5）振捣人员不得在模板或撑木上走动。

（6）落在施工通道脚手板上的混凝土应及时清理，防止人员踩到滑倒引起高坠事故。

板式基础浇筑通道现场布置图如图4-23所示。

图4-23 板式基础浇筑通道现场布置图

掏挖式基础的人工浇筑应注意以下规定：

（1）根据山地地形，可搭设混凝土传输通道。

（2）施工人员在平整的地面进行混凝土搅拌，通过通道注入基坑。

（3）浇筑时，基坑周围应设置防护围栏。

掏挖式基础混凝土传输通道现场布置图如图4-24所示。

4.3.5 养护拆模防坠措施

台阶式和板式基础养护拆模时，基础尚未回填，仍有高处坠落风险。为防止高处坠落，模板拆除施工必须遵守下列规定：

图 4-24　掏挖式基础混凝土传输通道现场布置图

（1）养护时注意脚下是否有水，穿防滑鞋。

（2）模板拆除按照从先装后拆、从上而下的顺序进行，严禁整体推倒。

（3）应采取分段分立面拆除，不拆除的部分应加固。

（4）拆除上层时，安全带拴在牢固的水平杆上，严禁低挂高用。

（5）施工人员不得在无扶手或支杆的平台上工作、走动。

（6）上下基础立柱或脚手架必须使用梯子，并设置专人监护。

（7）人员之间应配合默契，拆下的装置模板等器材应摆放正确、稳妥。

4.4　案　例　分　析

4.4.1　案例一

1. 事故简要情况

1月15日，某施工单位作业时将围栏碰坏。因工作未结束，暂时用一条尼龙绳围好，作为临时防护安全措施。1月17日约9时许，工作负责人于某带领7名工人进行施工。工作中，岳某后退时不慎从坑洞边坠落，而后施工人员立即将岳某送往市医院抢救。岳某抢救无效后死亡。

2. 事故原因及暴露问题

（1）工作负责人于某带领作业人员到达现场后，对现场的临时安全措施没有引起重视，没有强调安全注意事项并采取必要的补充安全措施，不考虑作业过程的危险因素，未起到工作负责人的监护作用。

（2）没有及时恢复被拉坏的防护围栏，而仅用一条尼龙绳将围好，来代替防护围栏，作为他们的临时安全措施，给事故的发生埋下了隐患。

3. 防范措施

（1）工作前应检查现场安全措施设置是否完备，针对损坏的安全围栏，应采取必要的补充安全措施后再开始工作。

（2）工作负责人在工作前交底应告知工作人员工作具体危险点，并在工作时做好监护工作。

4.4.2 案例二

1. 事故简要情况

5月4日下午，施工人员梁某分工搭设脚手架，当工作到16时45分左右，梁某在未系安全带的情况下，站在自放且没有任何固定、长约1.4m、宽约0.25m的钢模板上操作，钢模板担在脚手架两根小横杆上，中间又放一根活动的短钢管未加以固定。当竖起一根6m长、约24kg重的钢管立杆与扣件吻合时，由于钢管部分向外倾斜，梁某虽用力吻合数次，试图使其准确到位，但未能如愿，终因外斜重量过大使其在脚手板上失去重心随钢管从8.4m高处一同坠落，坠落时头面部先着地，跌落于地面，安全帽跌落2m以外的地方，工程项目经理等急用车将梁某送医院抢救，终因失血过多，抢救无效于当日17时30分死亡。

2. 事故原因及暴露问题

从上述事故可以看出，梁某在高处作业时，未系安全带，且工作面未装设防护栏杆，使在工作中失去平衡时，直接从工作面坠落，同时由于其未正确佩戴安全帽，头部先着地的情况下，安全帽无法起到防护作用，多个原因叠加导致该起人身伤亡事故的发生。

3. 防范措施

（1）高处作业人员应系好安全带，并将安全带固定在牢固的钢管上。

（2）工作人员应佩戴好安全帽，安全帽下颚带应扣紧。

（3）在未搭设操作平台、未安装防护围栏的情况下，应装设安全网。

4.4.3 案例三

1. 事故简要情况

1月13日9时左右，某送变电有限公司拆除工人陶某在拆除脚手架过程中，未系安全带，从距离地面高6m处的钢管架上坠落至地面受伤，后送就近医院抢救无效死亡。

2. 事故原因及暴露问题

（1）安全防护措施不到位。经现场调查：①未设围栏或警示标志；②工人陶某在作业过程中未系安全带；③未设置防止人员坠落的安全防护平网。

（2）死者无登高架设操作证作业。经查，从事脚手架拆除作业的6名工人中，死者陶某无登高架设人员安全操作证，属无证上岗作业。

（3）安全教育培训不到位。施工单位未对现场作业工人进行有效的安全教育培训，工人安全意识淡薄，缺乏安全操作知识。

3. 防范措施

（1）施工现场应装设安全围栏，并配有警示标识。

（2）高处作业人员在高处作业时应正确使用安全带。

（3）未搭设操作平台，未安装防护围栏的情况下，应装设安全网。

（4）高处作业人员应参加高处作业特种作业培训，经考试合格后，凭证才能参与高处作业。

第5章 杆塔组立防坠

5.1 杆塔组立类型及一般规定

杆塔在输电线路中承受着导地线自重、平衡张力、风荷载、覆冰荷载以及其他荷载的作用，使得导地线在各种气象条件下均能与地面保持足够的安全距离。杆塔组立是输电线路施工中的一个重要环节，该环节具有工作量大、工作面广、质量要求高、危险性大等特点，组立过程中存在多种安全隐患，特别是高空坠落，必须采取有效的措施进行防范。

杆塔组立根据杆塔所处地形地质条件、经济效益、结构形式等选用不同组塔方式。本章节主要介绍杆塔的分类、组塔方式、组塔常用规范、组塔引起高处坠落的因素和具体防范措施等内容。

5.1.1 杆塔组立类型

1. 杆塔分类

杆塔按用途分为如下三类：

（1）直线型杆塔。位于线路的直线段，主要承受导线及避雷线的水平和垂直荷重。

（2）耐张型杆塔。位于线路的直线、转角及变电站终端等处。耐张型杆塔细分为直线耐张型杆塔、转角型杆塔、终端型杆塔三类。

（3）特殊型杆塔。主要用于跨越、换位、分支等特殊要求的杆塔。

2. 杆塔组立分类

杆塔组立根据组立方式不同分为整体组立和分解组立，两种组立方式特点不一，使用场景也不同。

（1）整体组立。整体组立是指将杆塔的全部或大部分构件在地面组装后，利用起重机械等机具，把整基杆塔竖立到预定位置的过程。整体组立杆塔时，基础混凝土的抗压强度必须达到设计强度的100%。

整体组立是一项专业性强、危险性较大的工作，组立前必须严格执行杆塔整体组立施工方案或作业指导书，认真做好各施工部位的受力分析，合理选择规格匹配的施工器具和安全工器具。同时，施工人员必须听从指挥人员指挥，严禁违规作业和冒险作业。整体组立过程中，非工作人员不得进入塔全高1.2倍以内的范围内，施工作业人员不能在正起立的杆塔下方逗留，不能位于牵引系统的受力方向。

整体组立杆塔的方法主要有下述几种：

1）倒落式人字抱杆整体组塔。倒落式人字抱杆整体组塔，设备简单，起立过程平稳可靠，该方法适用于各种类型杆塔，尤其适用于带拉线的单型柱和双型柱杆塔。其主要优点有杆塔在地面组装，高空作业少，施工安全性和施工质量得到有效的保障；组塔施工速度比分解组塔快，施工效率高；不需要复杂的施工设备，施工费用低等。倒落式人字抱杆整体组塔如图5-1所示。

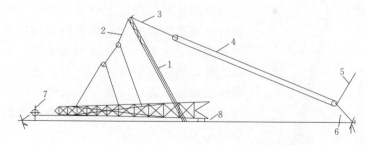

图5-1　倒落式人字抱杆整体组塔示意图

1—抱杆；2—固定钢丝绳；3—总牵引钢丝绳；4—牵引滑车组；5—至牵引设备；
6—至牵引地锚；7—制动系统；8—塔基垫木

地面组装完成后，利用抱杆的高度增高牵引支点，抱杆随着杆塔的起立，不断绕着地面的某一支点转动，直到杆塔头部升高到抱杆失效、脱帽，再由牵引绳直接将杆塔拉直调正，完成杆塔的组立任务。倒落式人字抱杆整体组塔现场施工如图5-2所示。

2）坐腿式人字抱杆整体组塔。坐腿式人字抱杆整体组塔方式是由倒落式人字抱杆整体组塔发展而来，其特点是将人字抱杆由坐落地面改为坐落杆塔的塔腿上，实际的抱杆长度较短、重量较轻。现场布置方法与倒落式人字抱杆一致，唯一不同的是坐腿式人字抱杆整体组立须做好塔腿补强措施。

3）倒落式单抱杆整体组塔。倒落式单抱杆整体组塔适用于各种塔型，一般用于

图5-2　倒落式人字抱杆整体组塔现场施工图

质量较轻的杆塔，起立过程平稳可靠，是目前送变电施工中杆塔整体组立的一种常用施工方法。

4）大型吊车整体组塔。在组塔施工过程中采取了地面组装、吊车整体立塔的施工方法，大型吊车整体组塔具有速度快、安全性能高等特点，减少了高空作业量，提高了施工安全性，降低了施工成本。但要求立塔现场道路通畅，地形平坦开阔。大型吊车整体组塔现场施工图如图5-3所示。

5）直升机整体组塔。直升机整体组塔使用范围广，适用于各种塔型，但费用较高，对飞行员的综合素质要求较高，此方法在送变电施工过程中使用较少。

（2）分解组立。分解组立是指将整基杆塔分解成段、片或各个单肢，然后利用起重机械等机具按分段、分片或单肢起吊方式，自下而上逐段完成整基杆塔的组装工作。分解组立杆塔时，基础混凝土的抗压强度必须达到设计强度的70%。

与整体组立杆塔相比，分解组立不受基础型式和施工条件限制，使用的工器具比较轻便，是现有输电线路建设过程中最为常见的方法。常用分解组立常用方法有如下几种：

图 5-3　大型吊车整体组塔现场施工图

1）外拉线悬浮抱杆分解组塔。外拉线悬浮抱杆分解组塔，是使用较早的一种分解方法，工艺相对成熟。它是指抱杆根部固定于杆塔主材上，为稳定抱杆，在抱杆顶端四个方向分别设置钢丝绳拉线，用以平衡起吊重力及增加抱杆提升时的稳定性。抱杆拉线落在塔身之外，也叫落地拉线。外拉线通过手扳葫芦与地锚或锚桩相连，通过调整外拉线的长度可以调整抱杆的方向，从而实现杆塔各个方向塔片的组装工作。此方法对地形地质要求较高。

现场布置是以一根抱杆为中心组成一个起吊系统，或用两副抱杆各自系住一个构件的两端部，同时进行起吊安装。一般抱杆置于带脚钉的塔腿上进行固定。固定抱杆的临时拉线地锚应在基础对角线延长线上，其距基础中心的距离应不小于塔高。外拉线悬浮抱杆组塔示意图如图 5-4 所示。

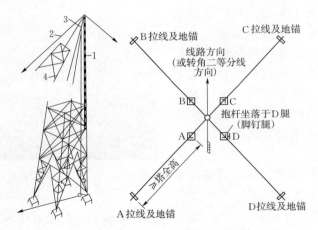

图 5-4　外拉线悬浮抱杆组塔示意图
1—抱杆；2—拉线；3—起吊滑车；4—构件

抱杆长度应是起吊塔段的 1~1.2 倍，抱杆顶部设置的滑车必须有足够的自由度，能适应各个方向的自由起吊，抱杆根部应用钢丝绳固定，绑扎牢固。抱杆起吊时有一定的倾角，为防止塔料与塔身相碰，在起吊过程中需设置控制绳，向外拉塔料。

抱杆始立时，应将抱杆立于塔位中心，利用叉杆或小人字抱杆起立，在抱杆顶部设置好滑车和牵引绳，设置完成后可进行组塔。地形条件允许时，杆塔底段可用吊车起吊。塔腿吊装示意图如图 5-5 所示。

组塔过程中，随着杆塔高度的增加，抱杆高度也不断提升。在组好杆塔的上层主材处，设置辅助滑车，并在离抱杆根部 1.0~1.5m 处设置腰绳，通过牵引系统，提升抱杆至合适位置，恢复起吊状态。不断重复此过程，直至杆塔组装完成。

2）内拉线悬浮抱杆分解组塔。内拉线悬浮抱杆分解组塔是输电线路施工过程中使用

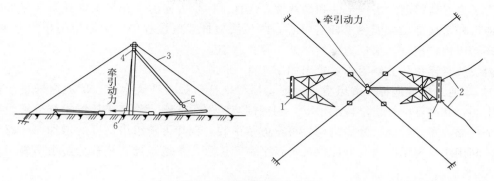

图 5-5　塔腿吊装示意图

1—补强木；2—控制大绳；3—临时拉线；4—定滑车；5—动滑车；6—底滑车

最广泛的一种方法。特别适用于山区悬崖峭壁级复杂的交叉跨越处。内拉线即抱杆拉线的下端固定在塔身四根主材上，抱杆根部为悬浮式，靠四条承托绳固定在主材上，与外拉线抱杆相比，减少了地锚埋设，缩短临时拉线，适用于任何地形施工，受外界的限制较小。

　　吊装过程中，抱杆处于杆塔中心，杆塔主材受力较均衡，易于保证安装质量。内拉线悬浮抱杆分解组立施工流程如图 5-6 所示。

　　内悬浮抱杆分解组立必须严格按照施工方案或作业指导书进行现场布置，抱杆规格选取正确，使用前需按标准严格检查，检查抱杆正直，焊接、铆固、连接螺栓紧固，是否有裂纹等情况，判定合格后方可使用。抱杆由朝天滑轮、朝地滑轮及抱杆本身组成。在抱杆两端设有连接拉线系统和承托系统用的抱杆帽和抱杆底座。为了在提升抱杆时能顺利通过腰环，抱杆连接采用内法兰进行连接。抱杆高度通常选用组塔段的最长段塔材高的 1.5~1.75 倍。起吊绳与抱杆轴线夹角不得大于 20°，控制大绳与地面夹角不得超过 45°。为了方便杆塔组立，抱杆可以稍向吊起的构件倾斜，但其倾角不得大于 15°。

　　抱杆拉线由四根钢丝绳和相应的工器具配合使用。根据杆塔组立过程中的受力情况，选用合适的安全系数的钢丝绳，具体见附录 A。拉线上端通过卸扣固定于抱杆帽，下端用索卡或卸扣分别固定于已组立塔段的四根主材上。

　　抱杆底端承托系统由钢丝绳、平衡滑轮和双钩等组成。承托绳用的钢丝绳穿过平衡滑轮，其端头

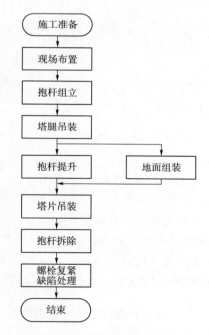

图 5-6　内拉线悬浮抱杆分解组立施工流程图

直接缠绕在组塔端的主材上，用卸扣固定。主材需用麻袋布包裹进行塔材保护，并用木头等进行塔材加固。塔材的承托绳在主材上的绑扎点应选择在杆塔水平材节点处，不得固定于不稳定处。

为了更好地提高组塔安全性和高效性，应保证四个方向的承托绳及绑扎长度尽可能等长，使得杆塔根部尽可能位于杆塔中心。内拉线抱杆提升过程中，采用两副相隔至少3m的腰环，以稳定抱杆，保证抱杆始终处于竖直状态。

内拉线悬浮抱杆分解组立示意图如图5-7所示。

3）落地式摇臂抱杆分解组塔。落地式摇臂抱杆也称为冲天抱杆。落地抱杆位于杆塔基础中心，其高度随杆塔塔段的组立，利用倒装的方法递增。落地式摇臂抱杆分解组塔具有安全可靠、稳定性强、受力均匀，可全方位吊装，抱杆可随组塔高度的增加而任意接续杆段，利用小吊臂吊装塔材并能保证自行平衡等优点。落地式摇臂抱杆分解组塔施工过程如图5-8所示。

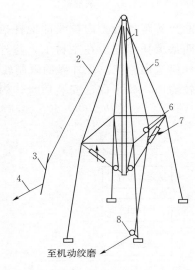

图5-7　内拉线悬浮抱杆分解组立示意图

图5-8　落地式摇臂抱杆分解组塔施工过程

1—抱杆；2—起吊滑车组；3—吊件；4—控制绳；

5—内拉线；6—腰滑车；7—承托系统；8—地滑车

4）大型吊机分解组塔。大型吊机分解组塔与整体组塔现场布置和施工要求一致，唯一区别是大型吊机分解组塔适用于塔型大、塔材超重、不能一次性进行整体组立的杆塔。

5）直升机分解组塔。直升机分解组塔适用于地形空旷、塔型大的杆塔，现场布置和其他整体组塔类似，其组塔施工过程如图5-9所示。

5.1.2　杆塔组立一般规定

杆塔整体组立分解组立除了上述要求外，组塔过程中还应遵守以下规定：

杆塔组立过程中，应采取防止构件变形或损坏的措施。杆塔各构件的组装应牢固，交叉处有空隙时应装设相应厚度的垫圈或垫板。当采用螺栓连接构件时，螺栓应与构件平面垂直，螺栓头与构件间的接触处不应有间隙；螺母紧固后，螺栓露出螺母的长度：对单螺母，不应小于2个螺距；对双螺母，可与螺母相平；螺栓加垫时，每端不宜超过2个垫圈；连接螺栓的螺纹不应进入剪切面。

图 5-9　直升机分解组塔施工过程

　　杆塔连接螺栓应逐个紧固，螺栓紧固扭矩值应符合设计要求，检查扭矩值合格后方可架线。组立 220kV 及以上电压等级线路的杆塔时，不得使用木抱杆。

　　用于组塔的临时拉线均应用钢丝绳。组塔用钢丝绳的安全系数、动荷系数及不均衡系数应按附录 A 严格执行。

　　吊件螺栓应全部紧固，吊点绳、承托绳、控制绳及内拉线等绑扎处受力部位，不得缺少构件。在受力钢丝绳的内角侧不得有人。禁止在杆塔上有人时，通过调整临时拉线来校正杆塔倾斜或弯曲。分解组塔过程中，塔上与塔下人员通信联络应畅通。钢丝绳与金属构件绑扎处，应衬垫软物。组装杆塔的材料及工器具禁止浮搁在已立的杆塔和抱杆上。组立的杆塔不得用临时拉线固定过夜。需要过夜时，应对临时拉线采取安全措施。

　　攀登高度 80m 以上杆塔宜沿有护笼的爬梯上下。如无爬梯护笼时，应采用绳索式安全自锁器沿脚钉上下。杆塔高度大于 100m 时，组立过程中抱杆顶端应设置航空警示灯或红色旗号。杆塔组立过程中及电杆组立后，应及时与接地装置连接。杆塔的临时拉线应在永久拉线全部安装完毕后方可拆除，拆除时应由现场指挥人员统一指挥。禁止安装一根永久拉线随即拆除一根临时拉线。

　　输电线路工程施工过程中，地锚常用于固定缆风绳、卷扬机、牵张机、导向滑轮等。地锚应根据工程现场施工实际进行正确设置，进一步保障了施工安全性，减少高空坠落的可能性。地锚设置有如下规定：

　　（1）组塔应设置临时地锚（含地锚和桩锚），锚体强度应满足相连接的绳索的受力要求。

　　（2）钢制锚体的加强筋或拉环等焊接缝有裂纹或变形时应重新焊接，木质锚体应使用质地坚硬的木料。发现有虫蛀、腐烂变质者禁止使用。

　　（3）采用埋土地锚时，地锚绳套引出位置应开挖马道，马道与受力方向应一致。

（4）采用角铁桩或钢管桩时，一组桩的主桩上应控制一根拉绳。

（5）临时地锚应采取避免被雨水浸泡的措施。

（6）不得利用树木或外露岩石等承力大小不明物体作为主要受力钢丝绳的地锚。

（7）地锚埋设应设专人检查验收，回填土层应逐层夯实。

5.2　杆塔组立坠落因素

我国电网建设快速发展，输电线路杆塔高度和数量大幅度增加。杆塔组立过程中，施工作业人员需频繁上下杆塔进行施工作业，需有可靠的安全措施。

杆塔组立过程中引起坠落的因素主要有如下几点：

（1）作业人员防护工具使用不当。组塔过程中，作业人员未正确使用安全带是引起高处坠落的最主要原因。上塔作业必须正确穿戴防护用品。

（2）作业人员作业或位移过程中，踩空身体失去平衡。组塔过程中需要作业人员经常高空移动作业，在移位过程中不得解开安全带或失去安全带保护。

（3）作业人员精神不集中。作业人员在组塔过程中因身体原因或思想开小差等因素是发生高处坠落的重要原因。作业人员工作期间不得饮酒，身体不适时要适当休息，不得冒险上塔作业，作业过程中不做和工作无关的事情，注意力必须高度集中，避免高处坠落的发生。

（4）作业人员防护工具损坏导致高处坠落。上塔作业前一定要严格检查安全防护用品，严禁使用损坏或标识不清等不合格安全带。

（5）遭遇突然意外事件，如蜂蜇、支撑断裂等。

5.3　杆塔组立防坠措施

输电线路杆塔高度远远大于国家电网公司电力安全工作规程规定的坠落高度距基准面2m的距离，在杆塔组立施工过程中，高处作业施工人员必须强制采取防坠措施。

5.3.1　角钢塔防坠措施

角钢塔根据基础根开大小、塔型等多种因素分为全身式安全带与安全绳组合使用防坠、钢绞线防坠装置防坠等多种方法。

1. 全身式安全带与安全绳组合使用防坠

（1）全身式安全带与安全绳组合使用防坠方式适用于作业高度相对较低、杆塔基础根开不大，主材与斜材之间的间距较小的角钢塔，有较好的经济性和实用性。

（2）全身式安全带与安全绳组合使用防坠方式中，登高作业人员须穿好全身式安全带，安全绳或者双勾穿过全身式安全带的前胸悬挂环进行固定，安全绳两端的挂钩钩住塔材进行防坠保护。

（3）作业人员在攀爬过程中，必须至少要有一个钩与塔材稳固连接，挂钩的过程中须进行重复检查，避免脱钩现象。

（4）全身式安全带与安全绳组合使用防坠方式使用过程中必须要高挂低用，如图 5 - 10 所示。

2. 钢绞线防坠装置防坠

（1）钢绞线防坠装置防坠常用于 220kV 及以上电压等级输电线路，此类杆塔根开变大，相邻塔材间的间距也变大，全身式安全带和安全绳组合使用防坠方式有较明显的局限性。

（2）钢绞线防坠装置是指在角钢塔装有脚钉一侧从塔顶至塔脚方向安装一根钢绞线，形成一个可上下的轨道，登高作业人员通过安全绳将防坠装置与钢绞线相连，达到防坠目的，如图 5 - 11 所示。

图 5 - 10　全身式安全带与安全绳组合使用示意图

（3）当作业人员正常向上或向下移动时，钢绞线防坠装置自锁器自锁装置处于松开状态，可随人体自由上行或下行。

（4）当作业人员发生意外坠落时，人体下落速度远大于自锁器下行速度时，自锁器迅速产生自锁效应，钢绞线和支座能够凭借其充足的摩擦力将人员坠落的速度加以减缓，达到固定人员的防坠作用。

（5）自锁器借鉴了线路施工中紧线器的工作原理，在外力作用下把柄利用杠杆原理，使钳口咬紧控制下滑的钢丝绳，起到防坠的作用。当危险解除后，往反方向移动把柄，即可解锁。钢绞线防坠装置结构如图 5 - 12 所示。

图 5 - 11　钢绞线防坠装置攀登示意图

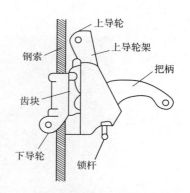

图 5 - 12　钢绞线防坠落装置结构示意图

（6）使用前必须对防坠设备进行外观和质量检查，检查合格后才能使用。

（7）上塔后到达作业地点时，必须正确扣好安全带，移动过程中不得失去保护。

5.3.2　钢管杆防坠措施

（1）钢管杆占地面小、结构简单、造价经济、外观美观等优点成为了城市输电线路的首选。因其体积小、重量轻，常用吊机进行整体组立或分解组立。

（2）钢管杆整体组立时螺丝紧固等所有工作均在地面完成，无需登高人员登高作业，因此不用采取任何防坠措施。钢管杆分解组立在螺丝紧固作业过程中需要进行登高作业。

（3）钢管杆高空防坠主要采用爬梯式导轨防坠装置。由爬梯、轨道、导轨式防坠装置组成，如图5-13所示。

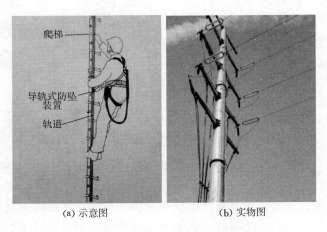

爬梯

导轨式防坠
装置

轨道

(a) 示意图　　　　　(b) 实物图

图 5-13　爬梯式导轨防坠装置

（4）导轨式防坠装置主要由导轨、方向转换器、防坠自锁器、安全绳、紧固件和连接金具等部件组成。通过连接件安装固定在杆塔的杆身或横担上进行高空作业。

（5）导轨常用碳素结构钢或不锈钢制造，根据结构不同分为有槽型和工型两种。按照导轨的安置形式，从结构上分为导轨外置式和导轨内置式两种类型，如图5-14所示。

(a) 导轨外置式　　　　　(b) 导轨内置式

图 5-14　导轨式防坠装置

（6）导轨式防坠装置借助钢轨道使施工人员能够沿其内部或外表面进行安全滑动，当滑动速度过快时，轨道式防坠装置可以通过其自带的制动装置达到防坠的目的。

（7）输电线路导轨式防坠装置主要通过借助钢轨道实现，导轨式防坠装置主要由钢轨道及自锁器构成，钢轨道在输电线路杆塔中固定，自锁器则在钢轨道上加以套设。

（8）导轨式防坠装置种类多样，可以根据不同工作现场进行选择和更换，以达到更好的防坠效果。

（9）作业人员在组塔过程中必须正确扣好安全带，做好主副保险后方可施工作业，移动过程中严禁失去保护，不得为了方便作业不扣安全带。

（10）上塔作业前必须严格检查安全带外观和使用期限，确保没有任何问题后方可使用。

5.3.3 钢管塔防坠措施

钢管塔和角钢塔的组立方式类似，使用材料有所区别。角钢塔使用的是角钢材料，钢管塔使用的是管型塔材。与角钢塔相比，钢管塔结构相对简单，占地较少，常用于线路走廊狭窄或建筑相对密集的地区使用。

（1）钢管塔防坠方式主要是导轨式防坠方法，原理与钢管杆防坠方法类似，外观结构有所不同。

（2）导轨式防坠装置的核心部件是自锁器，有自锁功能和导向两种功能，可随攀登者上下左右在轨道上移动。一旦人体发生坠落，自锁器会自动锁定在导轨上，阻止人体进一步坠落。钢管塔导轨防坠如图 5-15 所示。

（3）作业前必须严格检查安全带外观和下次检查日期，所有检查结果合格后方可使用。组塔过程中特别是高空移动时不得失去保护，安全带必须高挂低用，且不得系在不牢固构件上。

5.3.4 特种塔防坠措施

输电线路工程中，为了满足输电需要，除了常规的输电杆塔外，还需建设一些如特高压杆塔、跨海杆塔等特种塔。特种塔与普通塔相比，具有不同的特点，防坠方式在原有基础上有所不同。

（1）特种塔尺寸高度普遍都远大于普通杆塔，作业人员在登高作业过程中除了一些常用

图 5-15 钢管塔导轨防坠示意图

的安全措施外，还需要增设附属的防坠措施，以降低作业人员作业难度，减少作业人员体能消耗，进一步稳固高空作业的稳定性和安全性。

（2）特种塔主要有杆塔中间设立休息平台、高空作业平台等高空防坠措施。

（3）特种塔基础根开大、高度不断增加，作业人员体力消耗大，只能在塔材或脚钉上休息，脚钉与脚的接触面太小，导致压强增大，不能达到很好的休息目的，给高空作业带来很大的安全隐患。

（4）特种塔在一些特殊部位设计了一种能够让作业人员安全平稳休息的平台。这样可

增大作业人员休息站立的面积，能够很好地降低作业人员的体能消耗，同时也不影响杆塔的整体构造，主要对作业人员高空作业安全有很大的保障。安装休息平台的特种塔结构图如图5-16所示。

图5-16 安装休息平台的特种塔示意图

（5）特种塔的其他防坠方式与普通塔一致，除上述防坠方式外，必须正确系好合格的安全带，组塔过程中不得失去保护。

5.4 案 例 分 析

5.4.1 案例一

1. 事故简要情况

10月27日14时30分，某电力安装公司送变电安装队在组立220kV某线8号铁塔时，二班作业人员在组立第五段的基础上，继续组立该塔。班长王某分配了工作，口头上讲了安全注意事项。副班长张某负责地面指挥和监护。铁塔组立完第六段后，开始升抱杆（11m长、100kg重，铝合金材料）。这时，作业人员徐某（男，41岁，八级送电工）上塔负责塔上指挥，塔上还有作业人员林某、李某两人。徐某告诉林某把升抱杆用的滑轮、钢丝套子拴在绳子上，由李某拽上来。徐某一看是3t滑轮，就说"不要这个，换一个1t滑轮！"李某把3t滑子放下去，换了一个1t滑轮，连同钢丝绳套一起递给了徐某。徐某没用钢丝套，而是将滑轮直接挂到塔的第六节上侧水平铁中线挂线板的内眼中，徐某在塔上指挥升抱杆。地面用汽车绞盘牵引钢丝绳提升抱杆，当抱杆到位停止，由徐某、李某两人调整抱杆的方向和角度，徐某脚踏着斜铁，两手调整抱杆，抱杆的四条临时拉线也随之调整。这时塔上提升滑车钩子突然折断，抱杆骤落，徐某因腰上扎的安全带未系在牢固的构件上，失重从32.4m高处坠落地面死亡。

2. 事故原因及暴露问题

（1）徐某在塔上作业时，严重违反安规"安全带应系在结实牢固的构件上"的规定，在双手扶抱杆进行调整时，抱杆突然下落，双手脱离抱杆，身体失去平衡而高空坠落致死，是发生这次事故的主要原因。

（2）安全技术措施不落实，施工方法错误。措施中明确规定：提升抱杆时，必须使用

3t 滑轮和钢丝绳套，而徐某却自作主张改用 1t 滑轮，不用钢丝绳套，将滑轮直接挂在挂线板上。由于硬性连接和滑轮过小，承受不了过大的拉力，导致滑轮钩由钩脖处折断，造成抱杆骤然脱落，是发生这次事故的直接原因。

（3）现场工作负责人对工业人员缺乏监护和严肃管理，未能发现和及时纠正徐某不系安全带、不按安全技术措施规定执行、擅自改变起重用具和使用方法等一系列严重习惯性违章行为，对这次事故发生应负有重要责任。

3. 防范措施

（1）为了杜绝在安全带问题上再发生人身伤亡事故，应特别强调工作负责人在监护中把好这一关，对那种严重习惯性违章、不系安全带就参加作业等不良现象，一定要严厉制止、严肃批评，并给予相应的处分。

（2）在高空作业时，一定要使用新型双保险安全带，并在使用前认真检查安全带和保险绳是否良好。在杆塔上，安全保险绳应拴在牢靠固定的构件上。今后严禁使用单一保险的安全带，更不允许用绝缘绳临时代用安全带。

（3）作业人员上下杆和在杆塔上横向转移而脱离安全带保护时，一定要采取严密的防高空坠落措施。

5.4.2 案例二

1. 事故简要情况

5 月 8 日，某局在新建的 110 kV 某线 N61 塔进行线路施工，作业人员在施工任务完成后准备撤场时，解开扣于角铁上的安全带，起立并用手去拿身旁已解开的转移防坠保险绳时，因站立不稳，从 18m 高处坠落，所戴安全帽在下坠过程中脱落，致使头部撞在塔基回填土上，受重伤。

2. 事故原因及暴露问题

（1）作业人员在杆塔上作业时，因解开扣于角铁上的安全带，致使失稳从高处坠落，是事故的直接原因。

（2）作业人员安全意识淡薄，自我保护意识不强。送电管理所工作人员在杆塔上作业，虽然是一项经常性工作，但对杆上作业危险性重视不够，以致在高处作业移位时失去安全保护。

（3）安全帽及其戴法不符合要求。所使用的竹条安全帽没有帽箍、后箍。戴安全帽时，下颚带没有扎紧系好，以致下坠时安全帽脱落，导致头部直接受外力冲击，加重了脑部的受伤程度。

（4）安全组织技术措施还未真正落实到班组，现场施工管理中缺乏全面的安全防范措施，在杆塔上作业，未明确工作监护人。对现场作业的习惯性违章行为未能及时纠正。

（5）对生产现场安全工器具、劳保用品、安全防护用品的购置、发放、使用未制定统一的管理规定，并进行监督检查。

3. 防范措施

杆塔上作业的安全要求：

（1）凡在杆塔上高处作业，必须使用安全带和戴安全帽。

（2）上杆前应先检查登杆工具、防坠工具是否牢固、可靠、完整、符合要求。上下杆时，应有具体防止坠落的安全技术措施，以防登高过程中下坠时失去保护。

（3）在杆塔上作业，包括在杆塔上待命、休息、位置转移等，任何时候都不得失去后背防坠保险绳的保护。

（4）在办理许可手续后，工作负责人必须始终在工作现场认真履行监护职责。当工作地点分散、监护有困难时，每个工作地点要增设专责监护人，及时制止违章作业行为。

（5）攀登杆塔和在杆塔上作业时，每基杆塔都应设专人进行全过程监护。对有触电危险或施工复杂、容易发生事故的部位以及由新工作人员负责进行的工作，应设专责监护人。专责监护人不得兼任其他工作。

（6）挂接地线时，应先接接地端，后接导线端。装、拆接地线时，工作人员应使用绝缘棒，戴绝缘手套，人体不得碰触接地线，以防感应电压伤害。

安全帽方面的防范措施：

（1）进入生产现场，必须戴安全帽，并系好下颚带。没有下颚带的安全帽不允许使用。

（2）购入的安全帽应有产品检验合格证，安全帽应经验收合格后方准使用。

（3）现场使用的安全帽应有制造厂家、商标、型号、制造日期、生产合格证、生产许可证编号等永久性标记。不齐全的，应查明产品来源，否则视为不合格产品。

（4）安全帽的使用期以产品制造日期开始计算，植物枝条编织帽不超过 2 年，塑料帽不超过 2.5 年，玻璃钢橡胶帽不超过 3.5 年。

（5）达到上述使用期后的安全帽，由单位组织按《安全帽测试方法》（GB/T 2812—2006）进行抽查测试，合格后方可继续使用，以后每年抽检 1 次，抽检不合格的应将全批安全帽报废。

安全带方面的防范措施如下：

（1）在杆塔上或其他构架上高处作业，必须使用带有后背防坠保险绳的双保险安全带，系安全带后必须立即检查扣环是否扣牢扣好。

（2）安全带应系在杆塔及牢固的构架上，防止安全带从杆顶脱出或从构架上松脱。在杆塔、构架上转移位置时，不得失去后背防坠保险绳的保护。

（3）为了减少人体对地的绝对落差，安全带应高挂低用，并注意防止摆动碰撞。当使用 3m 以上长绳时，应加装缓冲器。

（4）安全带应全数做定期试验。外表检查每月 1 次；静负荷试验按 2205N 拉力拉 5min，每半年 1 次。试验后检查是否有变形、破裂等情况，并做好试验、检查记录。不合格的安全带应及时淘汰。

（5）安全带使用 2 年后，按批量购入情况，抽检 1 次；围杆带做静负荷试验，以 2205N 拉力拉 5min，无破断可以继续使用。对抽试过的样带，必须更换安全绳后才能继续使用。

（6）安全带使用期限为 3～5 年，发现异常应提前报废。达到使用期限 5 年的安全带，尽管外表无损伤，也应报废。

第6章 架线施工防坠

6.1 架线施工与分类

架线施工具有线路长、作业范围广、交跨复杂、作业危险点多等特点。根据架线施工方式分为非张力架线施工和张力架线施工。

6.1.1 非张力架线施工

架空线路非张力架线施工，也叫普通架线施工，是传统的架线施工方法，这种施工方法，操作简单，可不用大型机具设备，灵活方便。

非张力放线分为人力放线、机动牵引放线及汽车、拖拉机牵引放线等形式。3种放线方式适用情况也不同。人力放线适用于电压为110kV以下的架空线路，导线截面为240mm² 及以下，钢绞线截面为50mm² 及以下；机动牵引放线适用于电压为35～220kV架空线路，导线截面为400mm² 及以下，钢绞线截面为70mm² 及以下；汽车、拖拉机牵引放线适用于地形平坦、交叉跨越较少的35～220kV架空线路施工。

6.1.2 张力架线施工

张力架线施工为在架线施工全过程中，使被展放的导线保持一定的张力而脱离地面处于架空状态的架设施工方法。张力架线施工是目前使用最为广泛的一种施工方法。张力放线一般应用于220kV及以上的架空输电线路。张力架线施工的基本特征如下：

（1）导线在架设施工过程中处于架空状态。

（2）以施工段为架线施工单元工程，所有施工作业均在施工段内进行。

（3）施工段不受设计耐张段限制，直线塔也可以作施工段起止塔，在耐张塔上直通放线。

（4）在直通紧线的耐张塔上作平衡挂线。

（5）同相子导线要求同时展放、同时收紧。

架线前基础的混凝土强度必须已达到设计强度的100%；各杆塔经中间验收合格并无影响架线的缺陷存在；需补强的杆塔已补强；禁止使用与施工要求不相匹配的机具和设备；除有特殊施工方案能确保安全施工外，禁止在带电线路下穿越展放引导绳等线绳。作业人员必须持证上岗，做到人证合一。

本章节主要以张力架线施工展开，具体流程图如图6-1所示。

1. 架线前技术准备

（1）架线施工前，项目技术部门必须完成《架线施工作业指导书》《压接操作指导书》《重要跨越架施工方案》等的编制并经批准。

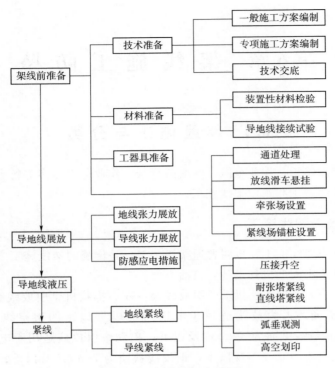

图 6-1 架线施工流程图

（2）全体施工人员施工前须经技术交底。

（3）架线前除应全面掌握沿线地形、交叉跨越、交通运输、施工场地等情况外，尚应复核重要交跨物的高度及位置、弛度观察档的档距及高差。

（4）导地线金具绝缘子串倒挂位置、导线挂架（横担）位置、换位情况、不允许压接线档、防震锤距离等具体要求宜以明细表等形式分别列出。

（5）放线段长度根据现场施工实际选择合适的牵张场，一般不超过 8km，且不宜超过 20 个放线滑车，当超过时应采取相应的技术措施。

（6）施工前，应对每个放线段的牵张力进行计算，并进一步计算滑车是否上扬、是否需双滑车、是否需不等高悬挂、确定布线的线长等内容。

2. 材料准备

（1）核对导地线线盘轴孔、线长、外形尺寸是否与尾车相配。

（2）核对金具的规格、数量、尺寸，并按施工图进行试组装。

（3）运达现场的绝缘子，除型号、颜色、数量等应符合设计要求外，一般尚应进行下列质量检查：钢帽、球头与绝缘体间的胶合应牢固，在安装锁紧销的情况下，球头不得自碗头中脱出；钢帽、球头不得有裂纹和弯曲，镀锌应完好；绝缘子表面不得有裂纹及碰损；瓷质绝缘子应在干燥条件下逐只用 5kV 兆欧表进行绝缘电阻测定，其绝缘电阻不得小于 500MΩ，玻璃绝缘子可免测；合成绝缘子的伞裙、护套应无损坏（仓库保管时应防老鼠咬啃）。

（4）架线工程开工前，项目部均必须按验收规范的要求对导地线接续强度做压接和握力试验等，试验合格方可架线。

（5）架线工程开工前，项目部均必须按验收规范的要求对使用的金具做破坏载荷试验等，试验合格方可架线。

3. 工器具准备

（1）经纬仪等各种表计应经检验合格，并在有效使用期限内。

（2）各种索具、连接器、起重滑车、卡线器、卸扣等必须经检验合格并在有效使用年限内，性能可靠。

（3）放线滑车应能灵活转动，不磨边，部件齐全，包胶完好。

（4）牵张设备应经保养、试车后运抵施工现场，开牵前先进行空载运转试验。

（5）运达现场的牵引绳和导引绳不得有断股、严重腐蚀、金钩、硬弯、打结、严重磨损等情况。对运抵现场的普通钢丝绳应核查其规格，外观检查应无严重断丝（股）情况。

（6）导引绳和牵引绳的绳套应采用穿插法插接，穿插部位长度不小于引绳 5 倍节距长度及导引绳不小于 800mm、牵引绳不小于 1200mm。

（7）为保证编制网套（蛇皮套）连接的安全可靠，套入导线后，要用 1 铁丝在其末端绑扎 2 道，每道不少于 20 匝，两道间距 150mm，绑扎应由专人负责。

4. 通道处理

（1）线路通道内凡设计规定应拆除的房屋、窑厂、石矿和改迁的电力线、通信线等影响架线的构筑物应在架线前处理完毕。

（2）施工通道中树木、柴草的砍伐应按施工需要进行，不宜扩大砍伐范围。树木砍伐后所留残桩不宜过长，以免钩挂绳线。砍下的树木柴草应清除干净。

（3）跨越公路、铁路及Ⅲ级以上通信线均应搭设跨越架。简易公路、机耕路、河流等跨越处施工时应派专人看守，在暂停施工时应采取防止导线、地线跑线的措施。

（4）对被跨电力线路原则上考虑停电落线，确因停电困难只能采取带电跨越架线时，应在停电时搭设封顶跨越架。带电跨越架线必须编制带电跨越施工方案。

5. 放线滑车悬挂

（1）选用的放线滑车轮槽底径不小于导线、地线直径的 20 倍。

（2）直线塔一般将放线滑车直接悬挂在悬垂绝缘子串下，当直线塔作锚线塔时，放线滑车应通过索具进行补强。

（3）当采用绝缘子常规挂法无法满足施工时线（绳）对被跨越物的距离要求时，放线滑车悬挂可采取高挂法，即将放线滑车通过短索具进行悬挂。

（4）耐张塔一般挂设双滑车，用钢丝套挂设于横担下方的设计专用施工孔上。两滑车间用硬撑连接。

（5）经验算后，下列情况应挂设双滑车：垂直于滑车轴方向的荷载超过滑车的承载能力时；压接管或压接管保护套过滑车时的荷载超过其允许荷载（通过试验确定），可能造成压接管弯曲时；放线张力正常后，导线在放线滑车上的两侧的悬垂角超过 30°。

（6）当直线塔需挂双滑车且大小号侧导线悬垂角相差较大时（5°），应采取不等高进行悬挂。

（7）挂滑车时必须先检查挂架位置及耐张塔长短横担方向是否与设计一致。

（8）直线塔根据垂直荷载计算配置滑车挂设工器具，耐张塔根据安装张力计算配置滑车挂设工器具。

（9）杆塔上应设计悬挂放线滑车所需的构件和挂孔。

（10）硬撑的选用：当必须挂设双滑车时，两个滑车间要用硬撑进行连接，硬撑一般选用角钢或槽钢，规格须匹配。

6. 牵张场设置

牵张场应设置在地势较平坦，牵张设备、吊机等能直接运达，场地面积满足设备、导线布置及施工操作要求的场所；相邻塔允许作紧线及过轮临锚操作，锚线角度能满足设计要求。

（1）大牵张机、大张力机宜布置在线路中心线上。牵引机卷扬轮及牵引绳卷筒、张力机导线轮、导线线轴等的受力方向均应与导线出线方向垂直。

（2）牵张机进出口与邻塔悬点的高差角不宜超过15°。

（3）导线轴架设在张力机尾后一般为15m的地方并呈扇形排列，保证在工作过程中的绳线不与绳筒或线轴的盘边相磨。

（4）小牵张机应布置在不影响牵引绳牵放和导线牵放同时作业的位置上。

（5）牵张场前后两侧锚线地锚间距，依紧线余线定，一般为40m。锚线地锚设在相应线相的垂直下方。临锚绳对地夹角不大于20°。

（6）若受地形限制，牵张场难以设置在线路中心线上时，可采用在线路中心上设置转向滑车的方法转向，但各导向轮的牵引转角均不得超过30°。转向滑车和地锚的规格数量按作业指导书的规定执行。

（7）牵张场场地布置和设备就位宜会同牵张设备司机共同商定。

牵张场根据具体施工现场要求进行牵张场布置。其中常用的二级牵引时牵引场和张力场平面布置分别如图6-2和图6-3所示。其他类型的牵张场布置可参照执行。

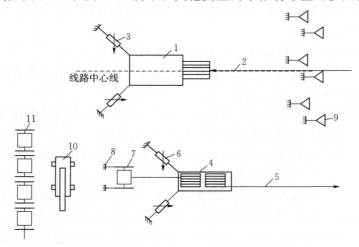

图6-2 二级牵引时牵引场平面布置示意图

1—大牵引机；2—牵引绳；3—大牵引机锚固系统；4—小张力机；5—导引绳（地线）；6—小张力机锚固系统；

7—牵引绳（地线）轴架；8—轴架锚固系统；9—导（地）线锚固系统；10—吊机；11—牵引绳（地线）盘

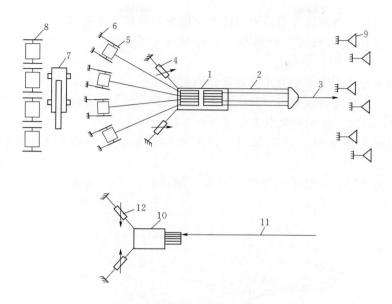

图 6-3 二级牵引时张力场平面布置示意图

1—张力机；2—导线；3—牵引绳；4—张力机锚固系统；5—导线轴架；6—轴架锚固系统；7—吊机；

8—导线盘；9—导线锚固系统；10—小牵引机；11—导引绳；12—小牵引机锚固系统

7. 紧线场锚桩设置

（1）紧线操作时紧线锚桩和紧线动力设备（拖拉机或机动绞磨）需按相分别布置，每根导线需对应一组紧线设施。

（2）地面临锚和过轮临锚，禁止使用同一锚桩。

（3）压线滑车的锚桩需设在所对应导线架设后顺线路方向的垂直下方，一般用 2 组地钻或卧锚。

（4）直线塔紧线时导线过轮临锚和地面临锚桩设置，锚桩设在对应相导线架设后顺线路方向的垂直下方，锚桩到紧线塔的距离均应满足对地夹角小于 20°。

（5）紧线段内与紧线操作塔相邻的一基塔上，分相设置反向临锚桩。

8. 导地线展放

（1）人工展放导引绳：应有技工领线，放线速度要均匀，不得时快时慢或猛冲；遇河沟用船只或软索进行引渡；遇悬崖险坡应先放引绳或扶绳；通过陡坡时应预防滚石伤人；严禁导引绳从带电线路下方穿过；钢丝绳跨越跨越架及滑车时宜有足够的余线并用牢固的绳索引渡；引渡绳与线绳间也应可靠连接；引渡过程中线绳下方不得有人逗留。

（2）飞行器悬空展放导引绳：采用动力伞、飞艇、直升机等飞行器悬空展放初级导引绳，并利用初级导引绳逐级牵放，直至悬空展放完成张力放线所需的所有导引绳。

（3）导地线及牵引绳被卡住时，应用工具处理，不能直接用手处理，处理人员不得站在线弯内侧。

（4）放线过程中沿线各塔位、村庄、交通要道、跨越架、河流等处应设护线人员并坚守岗位，密切监控牵引动态。牵张段内牵张信号必须能明确畅通传递。

（5）牵引网套、各种连接器、导引线和牵引绳的插接套等是张力放线中关键受力体系的薄弱环节，每次使用前均应严格检查，按规定安装使用，并按安规规定定期做荷载试验。

（6）牵引绳与走板间采用专用旋转连接器进行连接。

（7）导线与牵引绳（或走板）间通过牵引网套和旋转器进行连接，当导线的张力较大（≥50kN）时，需加工特制的牵引压接管进行连接。

（8）牵引网套连接时，其尾部用铁丝盘绕绑扎两道，每道绑扎 20 圈，两道间距 150mm 左右。

（9）对上扬的塔位，必须预设压线滑车压绳消除，并在导线走板过来时拆除压线滑车。如图 6-4 所示。

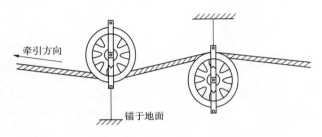

图 6-4 防上扬措施示意图

（10）由于导引绳的垂直荷重较小，相对水平张力较大，而滑车自重较大，导引绳的合力不足以使滑车沿内角方向倾斜，因此导引绳牵牵引绳途径转角塔时容易跳槽，故必须在放线滑车下端设预倾拉线，使其向内角合力方向预倾斜。并随牵引力的改变而适时增减配重，如图 6-5 所示。

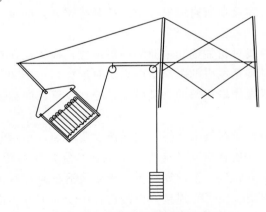

图 6-5 引绳防跳槽预偏示意图

（11）旋转连接器严禁牵入转向滑车、牵引机的卷扬轮，必须更换成抗弯连接器后才能继续牵引。

（12）放线前指挥人员应明确规定各个通信人员的通信频道、工作地点及当天的工作内容，并交代清楚各根子导线的排列序号、相序等，以便施工人员在放线过程中能准确无误地反映各子导线的动态。

（13）导线展放次序：单回路展放次序不做规定；同塔多回路应交叉展放，先上相，后中相、下相，严禁单侧展放完一个回路后再放另一个回路；如设计有规定时按设计规定执行。

（14）带张力牵引时应先开张力机，待张力机刹车打开后，再开牵引机；需停止牵引时，应先停牵引机，后停张力机，并始终保持牵引机、张力机的尾线有足够的尾张力。

（15）开始牵放时，速度要慢，现场指挥应指令仔细检查施工段沿线有无异常情况，调整各子导线张力，使走板呈水平状态；牵引绳、导线全部升空后，方可逐步加快牵引速度。

（16）放线过程中，应根据各岗位监视人员反馈的情况，适时调整放线张力或各子导线张力，张力调整时牵引速度放慢；走板在直线档以能保持水平为好；走板牵至靠近转角塔滑车时，应慢速牵引。

6.2 架线坠落因素

架线施工过程中作业范围广，施工工序复杂，导致高处坠落的危险因素增加，安全防护用品未使用或使用不当是架线坠落的主要因素。架线过程中引起高处坠落主要包含以下几方面内容：放线滑车挂设、设置临时拉线、放线防坠、紧线及挂线防坠等引起的高处坠落。

6.3 架线施工防坠措施

6.3.1 放线滑车挂设防坠措施

放线滑车的悬挂是架空输电线路工程施工准备工作中相当重要的一个环节，为后续导地线展放施工的安全和质量提供有力的保障作用。根据线路回数要求，每相可挂设一只或多只放线滑车。直线塔与耐张塔挂设方式不一，其防坠措施也不一样。

1. 直线塔滑车挂设

（1）直线杆塔的导线滑车在准备工作时提前应与绝缘子串连接好，挂设连接在绝缘子串的下端进行一同升起悬挂。选择的滑车必须与工程参数相匹配，且与绝缘子串连接须可靠。

（2）直线杆塔的避雷线滑车一般可直接挂在避雷线支架的U形环挂环或穿钉上。

（3）直线杆塔滑车挂设时，作业人员无需下绝缘子串进行连接作业。作业人员须将背扣安全带高挂，并系在牢固的构件上，安全绳绕过塔材回扣在腰环上进行双重保护。作业人员也可采用速差自控器达到防坠效果。

2. 耐张塔滑车挂设

耐张塔的导线和避雷线滑车挂设应采用钢丝绳套悬挂在挂点附近，紧线前再换成紧线滑车。作业人员背扣安全带或者防坠速差自控器系于杆塔主材上，腰间副保险绕过横担塔材回扣于腰环上进行双重保护。作业人员用钢丝绳套固定滑车时一定要仔细检查安全措施是否做到位，检查无误后方可作业。

6.3.2 设置临时拉线防坠措施

当某一耐张段开始施工作业时，则耐张段两端的杆塔应按终端杆塔考虑，在自己受力方向的反方向须设置临时拉线。临时拉线设置主要有以下几点要求：

（1）临时拉线的钢丝绳在铁塔横担上缠绕不得少于3圈，缠绕后用U形环固定，钢丝绳在横担上缠绕前必须加麻袋、木头等垫衬物，防止角钢变形和钢丝绳磨断。

（2）临时拉线对塔角度和对地角度须设置正确，不得影响后期张力放线施工。

（3）临时拉线锚桩使用铁桩时，铁桩通过桩上挂环与双钩紧线器连接。主桩和辅桩间通过钢丝绳和双钩紧线器连接。一个锚桩上的临时拉线不准超过两根，临时拉线禁止固定在有可能移动或其他不可靠的物体上。

（4）临时拉线使用双钩紧线器调整钢丝绳的松紧度，最终将临时拉线调整到合适的受力状态。

设置临时拉线防止高处坠落的安全措施如下：

（1）临时拉线的装设一般位于横担主材附近，作业人员须将安全带与横担塔材牢固相连，并做好双重保险，做好安全措施后方可实施作业。

（2）临时拉线与地锚相连后通过双钩调整拉线张紧程度时，作业人员不得位于塔上临时拉线装设点，避免摇晃不稳高处坠落。

（3）作业人员塔上作业时精神须高度集中，避免高处坠落。

6.3.3　放线防坠措施

护线是放线施工中的一项重要工作，放线时必须做好护线工作，以防损伤导线或发生其他事故。放线过程中除了对一些重要交跨须设专人看护外，放线段内每基塔必须设塔上专人护线，防止导线跳槽损伤导线。

（1）正常放线过程中，塔上护线人员做好安全措施后，认真观察放线情况，与牵张场保持通信畅通，高处坠落可能性较小。

（2）放线过程中导线因受力不均、滑车摆动等原因引起导线跳槽，作业人员首先通知牵张场及时关停牵张机，并下导线进行处理。作业人员下瓷瓶过程中必须使用软梯，应使用有后备绳或速差自控器的双控背带式安全带，当后备保护绳超过3m时，应使用缓冲器。安全带和保护绳应分挂在杆塔不同部位的牢固构件上。

6.3.4　紧线及挂线防坠措施

1. 紧线施工防坠措施

（1）紧线施工应在杆塔基础混凝土强度达到设计规定、紧线段内杆塔已经全部检查合格后进行。

（2）紧线过程就是将导地线一端或中间的耐张杆塔通过滑车组、绞磨等收紧，最终达到设计要求的弧垂值的过程。

（3）紧线时作业人员出导线安装卡线器，卡线器一头与导线相连，另一头通过迪尼玛绳或钢丝绳连接绞磨，绞磨反向拉动卡线器，越拉越紧，达到紧线目的。卡线器紧线如图6-6所示。

（4）作业人员出导线过程中须做好防坠措施。腰间安全带须绕过导线反扣在安全带挂钩上，速差式安全带须固定在杆塔横担头或牢固构件上。作业人员出导线过程中须缓慢前

图 6-6　卡线器紧线示意图

行。整个过程中不得同时解开主副保险。多分裂导线可以手扶或脚踩相邻导线，减少高处坠落的可能性。

（5）收紧过程中应对称紧线，先收紧位于放线滑车最外边的两根子导线，使滑车保持平衡，避免滑车倾斜导致导线滚槽。

（6）若是钢管杆紧线施工，因其横担结构简单，体型较小，作业人员无法大范围自由移动作业。作业人员可在横担顶部挂设速差防坠器，用安全绳与全身式安全带牢固相连，采用蹲式或利用横档上的水平扶手缓慢移动至作业处。

2. 挂线施工防坠措施

导线挂线前要用耐张管将导线压接合格后挂设到铁塔挂孔上，此过程要进行高空压接或地面压接作业，要做好防坠措施。

（1）高空压接指用压接管通过液压方式将导线连接起来。压接质量直接影响导线受力情况，要确保导线压接质量。

（2）高空压接作业使用合适尺寸的吊篮进行。吊篮两头用卸扣或挂钩钩于卡线器钢丝绳上进行固定，作业人员安全绳或速差自控器挂于联板上，腰部安全绳与吊篮稳固连接，进行二次保护。吊篮高空压接如图 6-7 所示。

图 6-7　吊篮高空压接示意图

（3）压接工作也可在塔上完成，压接机器摆放在横档上平面水平铁上，压接人员扣好主副保险采用坐立方式，更好地防止高处坠落。

6.4　案　例　分　析

6.4.1　案例一

1. 事故简要情况

某局 110kV 某线路停电，更换防污型悬式绝缘子，使用某化工厂出厂的 P2 型紧固器作为起吊和放落导线的起重工具。上午 10 时，魏某（男，25 岁）等两人在 39 号杆上换好右边相绝缘子串，在换上左边线绝缘子串后，装线夹时，因新绝缘子串比原绝缘子串长一些，需将导线放下一点距离才能套装，当扳动紧固器手柄其钢丝绳放松时，紧固器的制动扳手卡死不能返回，在导线重力（仅 300kg 多）作用下，带动钢丝绳迅速下滑，最后钢丝绳从绳轮上抽出，站在导线上的魏某因安全带未按规程要求系在牢固的构件上，而是系在紧固器上，结果人随导线及绝缘子从高处坠落，内脏受伤，经全力抢救无效，不幸于当日 16 时 40 分死亡。

2. 事故原因及暴露问题

（1）在作业中，紧固器失灵时发生这次事故的主要原因。紧固器是新领的，器身上无标牌，产品说明书给定的拉紧力不大于 1.5t。而同类型的常州产品标牌，标明的使用拉力仅为 0.5t，因此，说明书上的拉紧力与实际不符。

（2）发生事故的另一个重要原因是作业人员将安全带系在紧固器上，严重违反了安规"安全带应系在结实牢固的构件上"的规定，如若将安全带系在牢固的构件上，不失去安全带保护，高处坠落是完全可以避免的。

3. 防范措施

（1）线路作业工具直接关系到工作人员的生命安全，必须安全可靠。使用前应核实紧固器的使用拉力（必要时应进行破坏性测量实验），规定使用范围，并严格遵守，不允许超负荷使用。对那些无标牌、生产厂家不明或说明书不符的作业工具，应严禁使用。

（2）紧固器作为起吊工具，在收紧、放松导地线、拉线使用时，应增加保险措施。

（3）杆塔上作业时，作业人员需要离开横担、到绝缘子串或导线上工作时，一定要使用双保险安全带，增加保险绳的保护。

6.4.2　案例二

1. 事故简要情况

12 月某日 11 时 35 分，施工组长沈某办完 7 号杆到 8 号杆跨越 10kV 某线停电手续后到 8 号杆施工现场，与施工副组长杨某安排 A 相导线的收线工作，在 8 号杆耐张Ⅱ杆横担两端收线方向打好两根临时拉线并检查已牢固后，安排 2 人负责监督 2 根临时拉线和 5 根永久拉线；安排 1 人监督转向滑轮；安排 3 人在绞磨处；安排 2 人在 8 号杆前面减挂、6 人在 7 号杆减挂；最后安排 2 人杆上作业。12 时，准备工作结束，机动绞磨机启动，开始收线。12 时 10 分收线完毕停磨，杆上 2 名作业人员做耐张线夹，12 时 19 分耐张线夹做好已上，施工组长沈某，副组长杨某询问各处拉线、转向滑轮处受力部位无异常后，12 时 20 分沈某下令慢慢回磨、检查松后导线弧垂情况，就在这时电杆开始倾斜，内角拉线开始移动，转动滑轮处松树已连根拔起，守拉线和守转向滑轮的几个人大叫："快跑，杆子要倒了！"杆上作业人员敖某因工作完成准备马上下杆已解除安全带，便在杆子要着地的瞬间跳到地上，而另一名杆上作业人员钟某因系有安全带随杆坠落，在场的其他人员将这两名伤员于 12 时 40 分送医院，敖某轻伤而钟某经抢救无效于当日 14 时 30 分死亡。

2. 事故原因及暴露问题

（1）拉线分坑角度不对，即拉线与横担水平夹角误差 10° 左右，致使拉线对电杆拉力不够。

（2）内拉线洞位于斜坡上，当地斜坡地质松散，连接紧固力差，拉棒 LB - 18 - 28 出地泥迹 2.2m，埋深和加固不够，电杆内拉线拉力不足，未能满足有关技术要求。

（3）紧线用的钢丝绳转向滑轮挂在直径为 12.3cm 的松树上，施工负责人对该树根部情况未做彻底的检查和加固，导致钢丝绳受力后松树连根拔出，经测量：松树根部表土为 20cm 左右，下部为松沙石，树根向下约 60cm 左右，固着力差，满足不了施工的要求。

（4）紧线用的临时拉线对地角度偏大，受力差。

3. 防范措施

（1）针对施工现场安全管理混乱、擅自更改施工方案的严重违章现象，完善施工现场管理制度，规范施工现场秩序。

（2）加强职工安全教育培训工作，每年举办安全教育、技能培训及"三工"教育培训。

（3）各级领导要认真落实安全生产责任制，经常深入作业现场。在抓好主业管理的同时，加大对多经企业的检查督促。

第7章 附件安装防坠

7.1 附件安装一般要求

（1）输电线路耐张段紧线施工完成后要在5天内对线路进行附件安装工作，防止导线晃动鞭击受伤。跨越铁路、高速等重要电力线及有接续管的线档，应缩短在2天之内。

（2）输电线路附件安装包括跳线、防震锤、间隔棒等安装内容。

（3）附件安装前，应对塔身倾斜、横担偏扭等质量紧线复查，并进行必要的调整；未经检查调整合格，不得进行附件安装。

（4）附件安装前，施工人员应对专用工具和安全用具进行外观检查，不符合要求者不得使用。

7.2 附件安装防坠因素

附件安装涉及高处作业和出导线作业，施工过程中要特别注意高处防坠。附件安装过程中作业人员安全意识不足、恶劣天气、不按规定使用安全防护用品等是引起高处坠落的主要因素。

7.3 附件安装防坠措施

跳线、防震锤及间隔棒安装等附件安装过程中都是出导线作业，与塔上高处作业相比，脚下接触面相对变小，需要施工作业人员精神高度集中，平衡性能好。大风天气等恶劣天气严禁进行附件安装工作，导线晃动使得高处坠落的风险大大增加。附件安装过程中，若是多分裂导线，可以脚踩下导线、手扶上导线来增加稳定性进行附件安装作业，同时附件安装过程中必须正确使用个人防护用品，不同工序安全带使用方法不同。

7.3.1 直线塔安附件安装防坠措施

直线塔附件安装过程中提线工具装挂在横担挂点附近的施工孔上，若无施工孔须直接绑扎在横担上，绑扎处应垫圆木及软物。提线工具挂设应满足横担均匀受力要求，严禁采用使横担单侧受力的挂设方法。导线一周应设置保险绳，其荷载应能单独承受所有导线的垂直荷载。收紧双钩或链条葫芦，使导线脱离滑轮。按所划记印安装护线条或铝包带，使记印处于护线条或铝包带的中心；安装线夹，调节各子导线高度，按规定线别使线夹与绝缘子串的金具相连；最后安装防震锤及防晕金具。

缓缓回松调节工具，使绝缘子串承受全部导线重量，再一次检查金具连接螺栓、

R（W）销及开口销是否到位，确认无误后方可拆除提线工器具。直线塔附件安装布置如图7-1所示。

7.3.2 跳线安装防坠措施

跳线作用是为了让带电的导线与杆塔导电部分保持足够的电气距离，确保线路杆塔的安全稳定运行。

（1）跳线安装过程中需要对引流板进行压接，再通过螺栓与导线端的引流板连接固定。为减少高空作业时间，减少高处坠落风险，作业人员可提前将匹配的引流板在地面进行压接工作，压接完成后进行升空作业。

（2）若作业人员须进行高空压接作业，须在横担上或专业吊篮等平台上进行压接，将安全带系在牢固构件上，并做好双重保险措施。

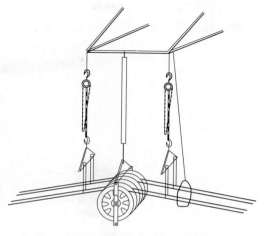

图 7-1 直线塔附件安装布置示意图

（3）跳线安装时，安全带或速差自控器固定在横担主材上进行出导线作业，安装过程中要看清跳线角度，同一跳线必须安装在同一子导线上。

（4）跳线安装后应呈自然下垂的圆弧形状，不得有扭曲、硬弯等缺陷。跳线端的压板连接螺栓拧紧应符合要求，螺栓的扭矩值应符合要求，对塔对地距离均符合设计要求。

（5）带跳串的跳线安装跳线串时，除了常规的安全措施外，必须使用软梯，软梯用卸扣连接在横担上。借助软梯进行作业，不得直接踩踏跳线。跳线安装如图7-2所示。

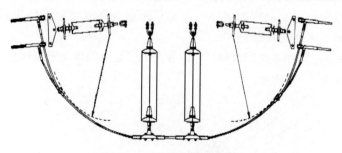

图 7-2 跳线安装示意图

7.3.3 防震锤安装防坠措施

防振锤是为了减少导线因风力引起的振动而设的。高压架空线路杆位较高，档距较大，当导线受到风力作用时，会发生明显振动。导线振动时，导线因周期性的弯折会发生疲劳破坏。

（1）防震锤须按设计要求的安装距离和安装数量进行安装。用预绞丝进行固定时，预绞丝中心点须对牢防震锤中心。

（2）作业人员出导线安装防震锤时，须将安全带系在横担主材上，作业人员将安全绳回扣于导线上，进行二次保险和固定后进行作业。

（3）多分裂导线安装防震锤时，除常规安全措施外，可借助其他子导线借力，增加稳定性，达到防坠的效果。

防震锤安装如图 7 - 3 所示。

图 7 - 3　防震锤安装示意图

7.3.4　间隔棒安装防坠措施

间隔棒的主要用途是限制子导线之间的相对运动及在正常运行情况下保持分裂导线的几何形状。

（1）安装间隔棒时，安全带应挂在一根子导线上，后备保护绳应拴在整相导线上，作业人员可借助多分裂导线或者软梯等辅助工具进行间隔棒安装，提高安全性能。

（2）安装间隔棒由于是远距离出导线，必须注意力高度集中，防止行走过程中踩空或者安装时掉落，天气恶劣时严禁施工。

（3）移动或作业过程中不得同时解开主副保险，安装间隔棒时间隔棒必须与导线垂直。

间隔棒安装如图 7 - 4 所示。

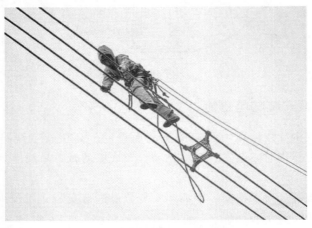

图 7 - 4　间隔棒安装示意图

7.4 案 例 分 析

7.4.1 案例一

1. 事故简要情况

5月8—15日,某局施工单位进行500kV线路附件安装作业,全线共分6个作业组。5月12日,作业进行到第5天,第三作业组负责人周某,带领作业人员乌某(男,蒙古族,1974年10月出生,1995年由电校毕业参加工作,班组安全员)等8人,进行103号塔瓷质绝缘子更换为合成绝缘子工作。塔上作业人员乌某、邢某在更换完成B相合成绝缘子后,准备安装重锤片。邢某首先沿软梯下到导线端,14时16分,乌某随后在沿软梯下降过程中,不慎从距地面33m高处坠落至地面,送医院抢救无效死亡。

事故调查确认,乌某在沿软梯下降前,已经系了安全带保护绳,但扣环没有扣好且没有检查。在沿软梯下降过程中,没有采用"沿软梯下线时,应在软梯的侧面上下,应抓稳踩牢,稳步上下"的规定操作方法,而是手扶合成绝缘子脚踩软梯下降,不慎坠落。小组负责人抬头看到乌某坠落过程中,安全带保护绳在空中绷了一下,随即同乌某一同坠落至地面。

2. 事故原因及暴露问题

(1)工作班成员乌某的违章行为是造成此次事故的直接原因。首先,乌某在系安全带后没有检查安全带保护绳扣环是否扣牢,违反《电力安全工作规程(电力线路部分)》(DL 26859—2011)6.2.2条的规定。其次,在沿软梯下降时,违反工区制定的使用软梯的规定。工作负责人没有实施有效监护,默认乌某使用软梯的违规操作方式是造成此次事故的间接原因。

(2)人员违章问题突出。作业人员在工区对软梯使用方法有明确规定的情况下,仍然使用过去习惯性的做法,表现出对规定和要求的漠视,说明反违章工作开展不力。

(3)培训的针对性和实效性亟待加强。员工实际操作技能较差,基本技能欠缺。

(4)安全意识和风险意识不强。对沿软梯上下的风险估计不足,在作业指导书和技术交底过程中,都没有强调软梯的使用。

3. 防范措施

(1)坚持"安全第一、预防为主"的方针,加强安全管理,重点是各种规章制度和措施的落实,并加大反违章工作的管理力度,吸取教训,深究自身存在的问题与不足。

(2)每次作业真正组织开展好班前会,认真作好危险点分析,并制定出具体的安全措施并逐条落实;要严格执行安全交底制度,做好作业指导书编制、审核和执行工作。

(3)吸取事故教训,提高职工的安全意识及自我防护能力。工作人员工作过程中要严格执行《电力安全工作规程》的要求,养成安全工作的习惯,监护人员全过程认真履行监护责任。工作前做到作业任务清楚、危险点清楚、作业程序清楚、安全措施清楚。

(4)高处作业人员必须系安全带,安全带应挂在牢固可靠处,不允许低挂高用。系安全带后应检查扣环是否扣牢。

（5）对施工作业使用的工具、设备，以及劳动保护设施和防护用品的配备等进行检查，都要符合安全要求；对登高工器具、起重工具、电气绝缘工具等要进行全面检查，并按周期进行试验，责任落实到人，做到全过程管理，对于有安全隐患或功能有缺陷的停止使用。

7.4.2 案例二

1. 事故简要情况

8月13日上午8时15分，某省超高压输变电公司某输电公司第4质检组在进行新建500kV某二回线A标段130～137号塔地段输电线路质检工作中，组长王某（工作负责人）带领工作班成员刘某、任某进行登杆及走线检查。9时38分左右，刘某走到131～132号塔第4个间隔棒差0.8m左右时，双脚踏空，身体下坠，被安全带悬挂于导线下方。坠落后，刘某自己努力想攀上导线，王某、任某也紧急从132号塔绕过来施救未成功，约10时5分，刘某从安全带（围杆作业式）脱出，从约13m高处经自然生长树枝缓冲后坠落地面，造成人身重伤事故。

2. 事故原因及暴露问题

作业人员危险点分析不到位，作业技能不熟练；使用的安全带不满足作业人员作业性质的要求；作业人员自我救助和相互救助能力不强；安全技术交底不到位。

3. 防范措施

（1）在失控后身体可能凌空的作业地点，必须使用悬挂作业安全带（俗称全保护安全带，区别于围杆作业安全带）。

（2）登高作业人员必须严格按《电力安全工作规程》规定每两年至少进行一次体检，凡患有高血压、心脏病、贫血病、癫痫病、糖尿病和其他不适于高处作业病症的人员，禁止登高作业。

（3）登高作业前，工作负责人应注意观察每位工作班成员的精神状态，凡睡眠不足、身体疲劳、情绪不稳者不得安排登高作业。

（4）有高处作业任务的单位，应根据作业特点，有针对性地开展危险点分析并制定相应的防范措施和紧急救援预案；所有登高作业人员必须熟悉救援预案并事先进行演练。

（5）登高作业前，应认真进行安全技术交底，并且每个工作班成员必须签字确认。

（6）登高作业人员在登高及高空作业过程中，严禁使用手机。

（7）登高作业人员应坚持体能训练，所属单位应提供适当的体能训练器材和场地。对登高作业人员应每半年进行一次体能测试，测试标准由各工区（分公司）自行制定，上级安监部门监督执行。

7.4.3 案例三

1. 事故简要情况

12月9日，110kV某线计划停电，施工单位配合消缺，任务是消除86号、87号杆间导线对地距离不够的缺陷（导线对道路的距离为5.7m），方案是对86号、87号杆加装铁头，提升导线。带电班工作负责人乔某，带领工作成员史某等六人，10时左右到达现场。

工作负责人宣读完工作票，进行两交底并签名，布置完现场安全措施后，开始工作。87号杆加装铁头工作完工后，14时左右，开始进行86号杆加装铁头工作。工作负责人安排史某、杜某上杆操作，其余人员做地勤。16时40分左右，86号杆加装铁头杆上作业结束。工作班成员杜某从下横担下杆时，因下横担拉杆包箍下滑引起下横担下倾，杜某从约13m高处坠落至地面，现场工作人员立即将其送往某陆军医院进行抢救，17时24分到达医院开始抢救，19时30分，经抢救无效死亡。

2. 事故原因及暴露问题

（1）下横担拉杆包箍安装质量不良、突然下滑引起下横担下倾是造成本次事故的直接原因。拉杆包箍安装后检查不细，致使包箍松动的重大隐患没能及时发现，直接导致本次事故发生。

（2）规章制度执行不严肃。《电力安全工作规程（电力线路部分）》（DL 26859—2011）明确规定在杆塔高处作业过程中，人员在转位时不得失去后备绳的保护。作业人员杜某自我防护意识不强，高处移位时失去后备保险绳保护是造成本次事故的主要原因。

（3）工作负责人（监护人）职责履行不到位，违反《电力安全工作规程（线路部分）》（DL 26859—2011）2.3.11.2条和2.3.11.4条，既没有发现并制止作业人员下杆时失去保护的违章行为，又没有及时发现安装质量存在的重大问题，是造成本次事故另一主要原因。

（4）全过程的安全质量控制措施不力。在本次工作过程中，现场人员对施工质量控制不严格，检查工作不细致，没有及时发现包箍松动这一严重隐患。标准化作业未能与危险点分析控制、施工工艺标准等要求有机结合，现场执行不力。

（5）教育培训内容和方式缺少针对性和实效性。对员工的技能培训方式单一，效果较差，致使员工技术水平不高，实际工作能力不强，安全风险防护、自我保护意识较差。

（6）面对平稳上升的安全形势，一些人员对存在的隐患和风险重视不够，认识不足，思想上麻痹大意，安全管理监督不到位。

3. 防范措施

（1）施工单位采购器材设备时，要严格执行国家有关相应的标准和规定，采购部门、质量基督部门、施工部门要建立健全一整套行之有效的质量管理制度，并进行责任追究制。

（2）从12月10日起全局停产学习整顿；单位领导和职能部室负责人、管理人员按照挂靠关系，深入各有关单位，帮助基层单位认真分析查找隐患，指导单位整改。

（3）政工部负责，有关职能部室配合，深入基层单位，切实研究了解职工的思想状况，全力做好职工的思想和队伍稳定工作。

（4）安监部负责制定防止高空坠落的措施；生技部组织对规范化作业进行专项检查。

（5）教育培训中心负责开展冬季大培训工作。

（6）施工单位再次进行扩大分析，开展为期40天的学习整顿工作。

第8章　电缆施工高处防坠

8.1　电缆施工及其特点

8.1.1　电缆基础施工

电缆基础施工指电缆沟、隧道、土地开挖等土建工作，涉及大型施工器具与密集人员的参与，其为电缆敷设提供施工基础。电缆基础包括电缆沟、电缆排管、电缆工井、电缆隧道等电缆构筑物，目前应用较多的是电缆沟和电缆排管。电缆沟、工井等一般深度都大于 2m，施工过程中需做好防坠措施。

1. 电缆沟施工

电缆沟施工流程图如图 8-1 所示。

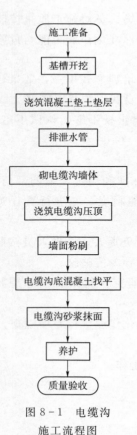

图 8-1　电缆沟
施工流程图

施工准备 → 基槽开挖 → 浇筑混凝土垫土垫层 → 排泄水管 → 砌电缆沟墙体 → 浇筑电缆沟压顶 → 墙面粉刷 → 电缆沟底混凝土找平 → 电缆沟砂浆抹面 → 养护 → 质量验收

2. 电缆沟施工主要内容简介

（1）施工准备。

1）材料准备：混凝土，有复试合格报告的砂、石、水泥、砖与钢筋。

2）技术准备：图纸会检、技术交底与定位放线。

（2）电缆沟基槽开挖。基槽土方开挖至电缆沟底基础设计标高，根据土质要求设置电缆沟，防止坍塌。

（3）浇筑混凝土底板垫层。基底原土厚实，放设电缆沟底垫层模板边线以及坡度线，根据边线及坡度线安装模板。

（4）电缆沟墙体砌筑。用经纬仪在底板混凝土表面定点、弹线，确定电缆沟墙体边线，设置皮数杆。皮数杆标出电缆沟顶部压顶位置、每皮砖及砖缝厚度。按照皮数杆逐层砌筑。

（5）电缆沟压顶混凝土施工。在电缆沟外墙弹出水平线，根据水平线安装压顶模板，采用钢制卡具固定压顶模板。压顶浇筑前用水湿润，压顶混凝土采用振捣棒振捣密实。顶面采用木模板拉毛、压实。

（6）电缆沟扁铁安装。每米设置角钢将扁铁撑紧在沟壁上，再进行焊接，焊接中将长线整平。

（7）电缆沟粉刷。先将墙面充分浇水湿润，混凝土用 108 胶水掺水泥素浆批浆。根据墙面粉刷厚度，用 1:3 水泥砂浆打糙，1:2 水泥砂浆压光。电缆沟定粉刷每隔 2m 垂直长度方向镶贴分隔条。

电缆沟制作如图 8-2 所示。

8.1.2 电缆敷设

电缆敷设一般在交通枢纽区或车辆往来
影响架空线路区；在城市房屋密集、居民稠
密区；高层建筑内及工厂厂区内部；在通信
线路和其他电力线路较多地带，无法架设架
空线路的地区。敷设电缆线时应避开：时常
有水的地方；地下埋设物复杂区；发散腐蚀
性溶液的地方；预定建设的建筑物区或时常
挖掘的地方；在制造或储藏容易爆炸或易燃
烧的危险场所。

图 8-2　电缆沟制作

电缆敷设分为以下几种基础电缆敷设：
110～220kV 隧道、夹层电缆敷设，110～220kV 竖井电缆敷设，110～220kV 充油电缆敷
设、35kV 电缆敷设等。电缆敷设各个环节人员施工密集。施工中人员集中，物料集中且
容易散落，沟槽口施工环境状态不稳定，人员工作状态受环境影响较大，各个因素都可能
造成高处坠落。

1. 110～220kV 隧道、夹层电缆敷设

（1）施工准备：清除电缆隧道废弃物，检测隧道有毒气体，复测电缆路径长度、敷设
位置及复核电缆接头位置，准备好各类工器具，核对相位。

（2）敷设前搭建放射架。

（3）布置敷设机具：电缆输送机与滑车搭配使用，每隔 20m 放一台输送机，每隔 3～
4m 放置一辆滑车。

（4）敷设电缆：采用人工和机械组合的敷设方式，电缆盘运至施工现场后，拆盘、检
查电缆外观，固定好电缆盘，由工作人员将电缆牵引至井口下。敷设过程每个井口必须设
专人监督。

（5）电缆固定：电缆敷设完毕后，按设计要求将电缆固定在支架上或地面槽钢上。电
缆抱箍尽量与电缆垂直，电缆固定完成后，外护套试验通过后，安装防盗螺母。

（6）质量检查：检查敷设位置、敷设尺寸、路名、电缆弯曲半径等。

电缆敷设如图 8-3 所示。

2. 110～220kV 竖井电缆敷设

（1）施工准备：清除电缆隧道废弃物，检测隧道有毒气体，复测电缆路径长度、敷设
位置及复核电缆接头位置，准备好各类工器具，核对相位。

（2）敷设前搭建放射架。

（3）布置敷设机具：卷扬机布置于竖井的上方，钢丝绳与电缆采取专用卡具固定，在
进入竖井处安装专用转弯滑车。电缆输送机与滑车搭配使用，在进入竖井处额外增补电缆
输送机。

（4）敷设电缆：在敷设第一条电缆时，应观察放线支架，根据实际情况调节以满足电

图 8-3　电缆敷设

缆弯曲半径的要求。电缆下井后，电缆盘看护人员、竖井下的工作人员、上口看护人员应不断将输送情况通知给输送机主控台或卷扬机操作人员，各个井口都应设专人看护。为防止电缆由于自身重力自由滑落，在每盘电缆即将放完时，应在电缆尾部装设一条反向牵引绳作为应急装置。

（5）电缆固定：电缆敷设完毕后，按设计要求将电缆固定在竖井内。电缆抱箍尽量与电缆垂直，电缆固定完成后，外护套试验通过后，安装防盗螺母。

（6）质量检查：检查敷设位置、敷设尺寸、电缆引上位置裕度、路名、电缆弯曲半径等。

电缆盘布置现场图如图 8-4 所示。

图 8-4　电缆盘布置现场图

3. 110～220kV 充油电缆敷设、35kV 电缆敷设

（1）施工准备：清除电缆沟废弃物，检测电缆沟内有毒气体，复测电缆路径长度、敷设位置及复核电缆接头位置，准备好各类工器具，核对相位。

（2）敷设前准备：主要机具包括放线架子、绞磨、电缆输送机及一些配套的辅助工具。输送机与滑车搭配使用。在拐弯、竖井、上下坡等地方应额外增加滑车，并加设专用的拐弯滑车。放线点应便于压力箱的运输，检查接头区域应有压力箱存放位置。检查电缆盘压力箱状态。准备好压力箱的更换。

（3）电缆敷设：采用人工和机械结合的敷设方式。电缆盘运至施工现场后，拆盘、检查电缆外观，固定好电缆盘，由工作人员将电缆牵引至井口下。敷设过程每个井口必须设专人监督。电缆盘上剩一圈电缆时应进行压力箱更换，拆下压力箱时，同时拆除压力箱对面的配重，继续敷设电缆时应设专人看护临时压力箱油管，以防电缆脱空进气。断电缆时先关闭压力箱阀门，再打开一点备好油盆或油盘，且断电缆时必须在电缆盘最高点切断。

（4）电缆固定：电缆敷设完毕后，按设计要求将电缆固定在电缆沟内。电缆抱箍尽量与电缆垂直，电缆固定完成后，外护套试验通过后，安装防盗螺母。

（5）质量检验：检查敷设位置、敷设尺寸、电缆引上位置裕度、路名、电缆弯曲半径等。

8.1.3 中间接头制作

中间接头施工流程图如图8-5所示。

（1）施工准备。

1）材料准备：产商提供的工艺与图纸，各类需要的工器具、脚手架、接头材料。

2）现场准备：准备好雨棚，配备必要的照明、消防设备，提供充足的施工用电，保持施工场地的清洁干燥。确定电缆接头的相位布置及测试好外护套的绝缘性能。

（2）电缆护套的剥切。根据工艺与图纸要求，加热外护套，确定金属护套剥切点，剥除外护套与石墨层。

（3）电缆加热校直。对电缆表面热处理再采用校直装置进行校直，直至电缆冷却。若发现有热回缩，必须重新进行热处理。

（4）电缆剥切打磨。两侧电缆对齐后，分别剥去电缆两端预留的多余部分，使用屏蔽剥切刀剥除工艺要求尺寸的半导体屏蔽层。使用砂纸打磨电缆绝缘，将电缆绝缘表面及半导体屏蔽层断口处打磨光滑。

（5）套装环形部件。定位标记并使用清洁巾擦净半导体层、绝缘层与线芯。核对尺寸套入热缩管与铜壳。

（6）套入中间接头。重新擦净各个层面并烘干，安装气模扩充工具。

（7）导体连接。在绝缘层处包裹保鲜膜，将两段电缆导体表面打磨，套上连接管，再用六角压模压接连接管。而后用锉刀锉掉连接管上的毛刺，并用铜网绕包连接管。最后将两块屏蔽罩扣在已绕好的铜网上。

（8）外屏蔽层恢复。在中间接头处两端缠绕半导体带，并从

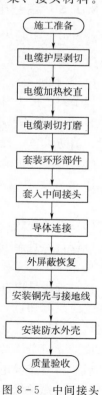

施工准备
↓
电缆护层剥切
↓
电缆加热校直
↓
电缆剥切打磨
↓
套装环形部件
↓
套入中间接头
↓
导体连接
↓
外屏蔽恢复
↓
安装铜壳与接地线
↓
安装防水外壳
↓
质量验收

图8-5　中间接头
制作流程图

电缆金属护套处一段缠绕自粘橡胶半导体至中间接头主体第一个台阶处。而后半重叠缠绕铜网带,清洁并吹干,断开部分缠绕绝缘带,使半重叠绕包自粘橡胶绝缘带覆盖电缆金属护套,最后绕包PVC带。

(9)安装铜壳、接地线及防水外壳。铜壳密封圈涂上硅脂,将密封圈放入密封槽内,再用螺栓把绝缘铜壳长端与短端连接。分别将内外导体在铜壳相应地线端子上连接,最后将防水外壳套上并穿入螺栓紧固。

图8-6 电缆上塔

8.1.4 电缆上塔

电缆上塔施工流程:电缆上塔通过绞磨牵引加输送机将电缆输送上塔,人员配合机器输送。输送完毕后由施工人员进行固定安装。该施工过程有人员集中性,物与人状态不确定等特点,其坠落因素体现在输送上塔时的电缆掉落问题与施工人员上塔过程中的各项坠落隐患问题。

电缆上塔如图8-6所示。

8.1.5 高空电缆头制作

高空电缆头制作流程如图8-7所示。

(1)施工准备。

1)材料准备:产商提供的工艺与图纸,各类需要的工器具、脚手架、接头材料、电缆与输送机等。

2)现场准备:准备好雨棚,搭设好脚手架,配备必要的照明、消防设备,提供充足的施工用电。

(2)电缆外护套及金属护套的处理。根据工艺与图纸要求,加热外护套,确定金属护套剥切点,剥除外护套与石墨层。

(3)电缆加热校直处理。对电缆表面热处理再采用校直装置进行校直,直至电缆冷却。若发现有热回缩,必须重新进行热处理。

(4)外半导电屏蔽层和绝缘层的处理。确定外半导电屏蔽层和绝缘层剥切点。用半导电屏蔽层剥离器或玻璃片尽可能地剥去,再用玻璃片在交联聚乙烯绝缘和外半导电层之间形成一定长度的光滑平缓的锥形过渡。然后打磨电缆绝缘,完成绝缘处理后,再对半导电层进行硫化。

(5)电缆绝缘表面清洁处理。电缆绝缘表面使用无水溶剂清洁。

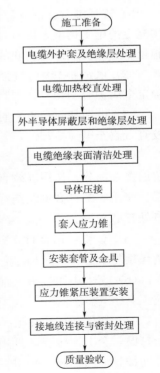

施工准备

电缆外护套及绝缘层处理

电缆加热校直处理

外半导体屏蔽层和绝缘层处理

电缆绝缘表面清洁处理

导体压接

套入应力锥

安装套管及金具

应力锥紧压装置安装

接地线连接与密封处理

质量验收

图8-7 高空电缆头
制作流程

（6）导体压接。检查导体尺寸，压接模具与压线钳，压接结束后检查压接延伸长度，检查电缆导体有无歪曲现象。

电缆导体压接如图 8-8 所示。

（7）套入应力锥。套入应力锥前应测量经过处理的电缆绝缘外径。

（8）安装套管及金具。检查套管内壁及外观，吊装套管至终端底板上，检查应力锥的固定位置，按要求安装好套管及金具。

（9）应力锥紧压装置的安装。按要求调节弹簧尺寸，检查弹簧变形长度，按要求安装紧压装置。

图 8-8　电缆导体压接

（10）接地线连接与密封处理。将电缆尾管与金属护套处进行密封处理，并将接地线连通。

8.2　电缆施工坠落因素

电缆施工的坠落因素根据电缆的基本施工流程，可分为电缆基础施工中的坠落因素、敷设的坠落因素、中间接头制作的坠落因素、电缆上塔的坠落因素、高空电缆头制作的坠落因素。

电缆基础施工、电缆敷设与中间接头的制作都位于沟槽中，沟槽外的杂物，砖瓦、工器具等皆为应时刻把控的坠落物。施工过程的起重机、梯子与盖板等工器具的使用也是应时常关注的防坠环节。并且需要注意施工人员的防坠，同时也得防范过往人员、车辆与牲畜的坠落。沟槽外警示牌、围栏的正确放置也是影响施工防坠的一大因素。

电缆上塔与高空电缆头制作皆为高处作业，从人员的防坠到器具的防坠，必须设置多重安全措施。人员的施工素质也是施工坠落事故的一大因素。电缆施工中典型坠落因素主要有以下几个方面。

1. 洞口坠落

（1）洞口操作不慎，身体失稳。

（2）走动的时候，不小心身落洞口。

（3）坐躺在洞口休息，失误落入洞口。

（4）在洞口嬉戏打闹，无意坠入。

（5）洞口没有安全防护措施。

（6）安全防护不牢靠、不合格或损坏未及时检查。

（7）没有醒目警标。

2. 脚手架坠落

(1) 脚踩探头脚手板。

(2) 走动时踩空、绊、跌。

(3) 操作时弯腰转身不慎碰到杆件等使身体失稳。

(4) 坐在栏杆架子上或站在栏杆、高空架子上作业或在脚手架上休息嬉闹。

(5) 脚手架铺设不稳。

(6) 没有防护栏杆或防护栏杆已经损坏。

(7) 操作层下没有铺安全防护层。

(8) 脚手架离墙面距离超过 20cm，没有防护措施。

(9) 脚手架超载损坏。

(10) 在脚手架上再用砖垫高或者隔脚手板操作。

3. 高处作业坠落

(1) 立足面狭小，作业用力过猛，身体失稳，重心超出立足点。

(2) 脚底打滑或不慎踩空。

(3) 随重物坠落。

(4) 身体不太舒服行动失稳。

(5) 没有系安全带或没有正确使用安全带或走动时取下。

(6) 安全带挂钩不牢固，或没有牢固的挂钩地方。

(7) 现场未设置安全绳。

(8) 作业面未设置安全兜网。

8.3 电缆施工防坠措施

8.3.1 电缆基础施工的防坠措施

(1) 人员进入电缆沟、电缆井应使用专用梯子，电缆井口设置安全围栏，围栏上悬挂相应的安全警示标志牌，如图 8-9 所示。

(2) 预防留口、通道口、楼梯口、电梯口、上料平台口等都必须设有牢固、有效的安全防护设施（盖板、围栏、安全网）。洞口防护设施如有损坏必须及时修缮，洞口防护设施严禁擅自移位、拆除。在洞口旁操作要小心，不应背朝洞口作业，不要在洞口旁休息、打闹或跨越洞口及从洞口盖板上行走。同时洞口还必须挂设醒目的警示标志等。

(3) 使用高凳和梯子时，单梯只许上 1 人操作，支设角度以 60°～70°为宜，梯子下脚要采取防滑措施，支设人字梯时，两梯夹角应保持 40°，同时两梯要牢固，移动梯子时梯子上不准站人。使用高凳时，单凳只准站 1 人，双凳支开后，两凳间距不得超过 3m。如使用较高的梯子和高凳时，还应根据需要采取相应的安全措施。

(4) 整理好沟槽外的物品，清除有可能坠落的石块与装瓦等。做到沟槽外平整、无废料。

图8-9 安全围栏

8.3.2 电缆敷设防坠措施

（1）卸电缆时，应使用吊车或在相反方向有制动力的情况下，将其沿着坚固的铺板缓慢滚下，严禁将电缆盘从车上直接推下，且电缆下方和电缆盘滚动方向严禁站人。

（2）采用起重机装卸电缆时，应由专人统一指挥，电缆盘须挂牢吊钩，人员撤离到安全位置后方可起吊，电缆放稳后方可撤吊。

（3）开启电缆井井盖、电缆沟盖板及电缆隧道人孔盖时应使用专业工具，同时注意所立位置，以免坠落。开启后应设置标准路栏围起，并有人看守。作业人员全部撤离后，应立即将井盖盖好，以免行人摔跌或不慎跌入井内。

（4）人员上下电缆井应使用专用梯子。梯子的摆放需符合安规要求。

（5）施工现场及其周围的悬崖、陡坎、深坑、高压带电区及危险场所等均应设防护设施及警告标志；坑、孔洞等均应铺设与地面平齐的盖板或设可靠的围栏、挡板及警告标志，夜间施工应设警示灯危险处应设红灯示警。

（6）在进行高落差电缆敷设施工时，应进行相关的验算，采取必要措施防止电缆坠落。

（7）敷设过程中应设专人监护，规范使用劳动防护用品。电缆输送机、滚轮等输送用品必须保持稳定固定并随时检查。为防止电缆由于自身重量自由滑落，在每盘电缆即将放完时，在电缆尾部装设一条反向牵引绳作为应急装置。

（8）用卷扬机对竖井内的电缆进行反向牵引，钢丝绳与卷扬机连接，并每隔一段距离用专用卡具将电缆与钢丝绳固定一次，电缆随钢丝绳一起缓慢进入竖井，卷扬机的最大牵引力必须大于电缆本身重量的5倍。

（9）用输送机向下输送电缆的同时将电缆夹紧，防止电缆突然坠落。

（10）电缆输送机在夹紧电缆后，随着电缆输送机的输送带与电缆的摩擦，最初的夹紧会有所松动，为防止坠落，应设专人把已夹上电缆的电缆输送机再紧一次，保证电缆输送机的夹紧力。

（11）电缆在竖井内敷设到一定深度时，应让电缆输送机倒转一次，检查电缆是否夹紧。

（12）电缆敷设完毕后，生产场所的井、沟、坑、孔、洞，必须覆以与地面齐平的坚固盖板。施工中的预留孔和检修中需打开的孔洞，应加装可靠的临时盖板，未加盖板前必须设置临时围栏，悬挂标示牌等。临时打的孔洞，施工结束后必须恢复原状，防止工作人员误踏孔洞，发生坠落事故。

（13）电缆中间接头制作中，要严格规范物品进入沟槽的传递方式，并派专人监督。

现场安全警示如图8-10所示。

图8-10　现场安全警示

（14）使用桥架敷设电缆前，桥架应验收合格。高空桥架宜使用钢制材料，并设置围栏，铺设操作平台。高空敷设电缆时，若无展放通道，应沿桥架搭设专用脚手架，并在桥架下方采取隔离防护措施。若桥架下方有工业管道等设备，应经设备方确认许可。

电缆围栏如图8-11所示。

8.3.3　中间接头制作防坠措施

（1）作业过程中保持沟外清洁整齐，沟外1m内不允许堆放材料物件等，1m外堆放的货物必须保持平整规范。

（2）物品传入沟内过程中需有专人监督且需使用合格的传递绳与绑扎方式。

（3）作业人员下电缆沟时需正确使用梯子，不得倚靠其他物件下沟。

（4）作业人员必须时刻佩戴安全帽等安全措施。

（5）监督人员时刻关注并检查电缆沟与隧道中的周围环境，防止出现塌方事故。

图 8 - 11 电缆围栏

8.3.4 电缆上塔防坠措施

电缆上塔的主要防坠措施防坠应按以下条款执行：

（1）作业前检查登高工具、受力工器具试验情况，并进行外观检查。特种人员必须持证上岗且保证人员精神状态良好。

（2）登塔过程采用防坠装置，控制安全绳和脚钉适当的距离，安全绳的挂点应挂在牢固的构件上，保证能够承受足够的重量。

（3）登高人员佩戴双控背带式安全带和速差自控器上下塔，方便登高，保证人员安全。作业人员上、下杆和在杆塔上横向转移，脱离安全带保护时，一定要采取严密的防高空坠落措施。

（4）电缆吊装过程中，现场要有专人监护，塔上人员站在安全位置，系好安全带。

（5）电缆吊装到位后，在铁塔上安装电缆抱箍，在杆塔上，安全保险绳应拴在牢靠固定的构件上。严禁使用单一保险的安全带，更不允许用绝缘绳临时代用安全带。

（6）在钢管杆上安装电缆抱箍时，作业人员利用软梯安装。

8.3.5 高空电缆头制作防坠措施

（1）电缆终端铁塔电缆头制作时，应在电缆平台四周搭设脚手架，脚手架要经验收合格后，工作人员方可上塔作业，作业人员要正确佩戴安全帽，安全带挂在牢固的构件上。脚手架搭设应满足以下要求：

1）安装平台下约 1.5m 搭一层，并铺满脚手架。

2）安装平台上 1m 左右搭一层，再上面 1.5m 搭一层，两层均铺满脚手架。

3）平台四周毛竹架上设置扶手，约 80cm 一层。

4）最上层架子应封顶，并铺满脚手架。

5）架子四周用彩条布包好，并用绳子绑牢，架设防尘、防雨棚，应固定牢固可靠。

6）电缆头制作完成后方可拆除架子。

7）在铁塔上安装支柱绝缘子时。

8）选择合适的站脚位置，并用正副保险带，才开始工作。

9）安装支柱绝缘子头部线夹时，应在距离头部 50cm 处绑上绝缘绳，另外一头绑扎在铁塔主材上，绝缘绳与绝缘子呈 45°，安装时，作业人员安全带副保险系在铁塔上，或者采用软梯从上到下安装支柱绝缘子头部线夹。

（2）在杆塔高处作业时，应使用有后背绳的双保险安全带，安全带和保护绳应分挂在杆塔不同部位的牢固构件上，应防止安全带从杆顶脱出来或被锋利物损坏。人员在转位时，手扶的构件应牢固，且不得失去后备保护绳的保护。在没有脚手架或者在没有栏杆的脚手架上工作，或坠落相对高度超过 1.5m 时，必须使用安全带，或采取其他有效可靠的安全措施。

（3）搭设脚手架过程中保证施工行走道路的铺满。并严格要求脚手架材质，及铺设可靠性。并按规定要求设置安全网，凡 4m 以上建筑施工工程，在建筑的首层要设一道 3～6m 宽的安全网。如果高层施工时，首层安全网以上每隔四层还要支一道 3m 宽的固定安全网。如果施工层采用立网做防护时，应保证立网高出建筑物 1m 以上，而且立网要搭接严密。并要保证规格质量，使用安全可靠。

（4）安全带使用前应检查是否在有效期内，是否变形，破裂等情况，禁止使用不合格的安全带。

（5）特殊高处作业应与地面保持通信联系，由专人负责。上杆塔前，应检查登高工具、设施，如脚扣、升降板、安全带、梯子、脚钉、爬梯、防坠装置等是否牢靠。禁止携带器材登杆或在杆塔上移位。严禁利用绳索、拉线上下杆塔或顺杆下滑。

（6）作业中，平台、走道、斜道等应装设不低于 1.2m 高的护栏，并设 180mm 高的挡脚板。

（7）高处作业中使用的工具器件应放置在可靠的地方防止坠落。

（8）使用绝缘斗臂车作业，必须先检查绝缘臂为合格状态，在绝缘斗中的作业人员应正确使用安全带和绝缘工具。不得用汽车吊悬挂吊篮上人作业。不得使用斗臂起吊重物。在斗臂上工作应使用安全带。

（9）在电缆头制作及附件传递时应规范使用传递绳，用完的器具与废料统一摆放，不得随处摆放，不得随意抛落。在安装绝缘套管需小心移动，不得单人移动安装。并设专人提醒监护。

（10）不准在六级强风或大雨、雪、雾天气从事露天高处作业。另外，还必须做好高处作业过程中的安全检查，如发现人的异常行为、物的异常状态，要及时加以排除，使之达到安全要求，从而控制高处坠落事故发生。

8.4 案 例 分 析

8.4.1 案例一

1. 案例简要情况

2014 年 9 月，某公司在进行电缆敷设过程中，由于沟槽外没有放置防护栏，造成过往路人在 20 时 30 分夜间行走过程中不慎掉入，造成腿部及脑部受损。在行人的帮助下送往医院。该工程造成极其不良的影响，相关单位对工作的严格性进行深刻的反省。

2. 事故原因及暴露问题

（1）工作负责人于某带领作业人员到达现场后，对现场的临时安全措施没有引起重视，没有强调安全注意事项并采取必要的补充安全措施，不考虑作业过程的危险因素，未起到工作负责人的监护作用。

（2）没有及时恢复被拉坏的防护围栏，而仅用一条尼龙绳将起吊孔四周围好，来代替防护围栏，作为他们的临时安全措施，给事故的发生埋下了隐患。

3. 防范措施

（1）认真作好危险点分析，对每一处施工的电缆沟槽都要做好围栏防护，并时常检查防护围栏是否有破损，并设置夜间警示灯警示路人。

（2）吸取事故教训，提高职工的安全意识及自我防护能力，我们工作人员工作过程中要严格执行《电力安全工作规程》的要求，对施工作业使用的工具、设备，以及劳动保护设施和防护用品的配备等进行检查，都要符合安全要求。

8.4.2 案例二

1. 案例简要情况

220kV 某路迁改工程业主，由某公司承包。9 月 28 日早上 6 时 45 分，施工班组到达位于工程的 15 号电缆终端塔。现场项目负责人某对当日工作进行了布置，工作内容为 15 号塔 220kV 间隔电缆接地箱安装。施工作业票编号：9 号，工作负责人 A，工作班成员 B、C。7 时左右，施工人员 B 上塔在电缆终端平台下方的脚手架上切除多余接地电缆并压接电缆铜接头。9 时左右，B 转移到铁塔外接地箱处工作（离地约 8 米），期间有拉升电缆等移动作业。9 时 35 分左右，B 叫 C 上去帮忙紧固回流线螺栓，B 突然从铁塔上坠落至杆塔根部水泥基础上。A 立即向地面配合人员呼救，配合人员将伤者 B 送往医院，并拨打 120 联系医院做好抢救准备，9 时 55 分左右到达医院，经过 1 个多小时的抢救，医生宣告抢救无效死亡。

2. 事故原因及暴露问题

（1）在塔上作业时，严重违反《电力安全工作规程》"安全带应系在结实牢固的构件上"的规定，是发生这次事故的主要原因。

（2）现场工作负责人对工业人员缺乏监护和严肃管理，未能发现和及时纠正不系安全带、不按安全技术措施规定执行、擅自改变起重用具和使用方法等一系列严重习惯性违章行为，对这次事故发生应负有重要责任。

3. 防范措施

（1）在高处作业时，一定要使用新型双保险安全带，并在使用前认真检查安全带和保险绳是否良好。在杆塔上，安全保险绳应拴在牢靠固定的构件上。今后严禁使用单一保险的安全带，更不允许用绝缘绳临时代用安全带。

（2）作业人员上、下杆和在杆塔上横向转移，脱离安全带保护时，一定要采取严密的防高处坠落措施。

附录 A 钢 丝 绳 参 数

附表 A-1   钢 丝 绳 安 全 系 数

序号	工作性质及条件	K
1	用人力绞磨起吊杆塔或收紧导、地线用的牵引绳	4.0
2	用机动绞磨、卷扬机组立杆塔或架线牵引绳	4.0
3	拖拉机或汽车组立杆塔或架线牵引绳	4.5
4	起立杆塔或其他构件的吊点固定绳（千斤绳）	4.0
5	各种构件临时用拉线	3.0
6	其他起吊及牵引用的牵引绳	4.0
7	起吊物件的捆绑钢丝绳	5.0

附表 A-2   钢 丝 绳 动 荷 系 数

序号	启动或制动系统的工作方法	K_1
1	通过滑车组用人力绞车或绞磨牵引	1.1
2	直接用人力绞车或绞磨牵引	1.2
3	通过滑车组用机动绞磨、拖拉机或汽车牵引	1.2
4	直接用机动绞磨、拖拉机或汽车牵引	1.3
5	通过滑车组用制动器控制时的制动系统	1.2
6	直接用制动器控制时的制动系统	1.3

附表 A-3   钢 丝 绳 不 均 衡 系 数

序号	可能承受不均衡荷重的起重工具	K_2
1	用人字抱杆或双抱杆起吊时的各分支抱杆	1.2
2	起吊门型或大型杆塔结构时的各分支绑固吊索	1.2
3	利用两条及以上钢丝绳牵引或起吊同一物体的绳索	1.2

附录 B　实验项目、周期和要求

附表 B-1　　　　　　　　防坠装置实验项目、周期和要求

序号	名称	项目	周期	要求	说明
1	安全绳	静负荷试验	1年	施加2205N静拉力，持续时间5min	参照《电力安全工作规程》
2	连接器	静负荷试验	1年	施加2205N静拉力，持续时间5min	
3	速差自控器	静负荷试验	1年	将15kN的力加载到速差自控器上，保持5min	标准来自于《安全带测试方法》（GB/T 6096—2009）4.7.3.3 和4.10.3.4
		冲击试验		将（100±1）kgf[①]荷载用1m长绳索连接在速差自控器上，从与速差自控器水平位置释放，测试冲击力峰值在（6±0.3）kN之间为合格	
4	防坠自锁器	静负荷试验	1年	将15kN的力加载到导轨上，保持5min	标准来自于《安全带测试方法》（GB/T 6096—2009）4.7.3.2 和4.10.3.3
		冲击试验		将（100±1）kgf荷载用1m长绳索连接在防坠自锁器上，从与防坠自锁器水平位置释放，测试冲击力峰值在（6±0.3）kN之间为合格	

① 实际工程应用中一般按1kgf=10N计算。

附表 B-2　　　　　　　　高处作业辅助机具实验项目、周期和要求

序号	名称	项目	周期	要求	说明
1	安全网	检查	每次使用前	网体、边绳、系绳、筋绳无灼伤、断纱、破洞、变形及有碍使用的编制缺陷。平网和立网的网目边长不大于0.08m，系绳与网体连接牢固，沿网边均匀分布，相邻两系绳间距不大于0.75m，系绳长度不小于0.8m；平网相邻两筋绳间距不大于0.3m	依据《安全网》（GB 5725—2009）
2	脚扣	静负荷试验	1年	施加1176N静压力，持续时间5min	—
3	升降板	静负荷试验	半年	施加2205N静压力，持续时间5min	—
4	软梯	静负荷试验	半年	试验49000N静拉力，持续时间5min	依据《电力安全工作规程》
5	梯子（复合材料）	静负荷试验	1年	施加1765N静拉力，持续时间5min	依据《变电站登高作业及防护器材技术要求》（DL/T 1209—2013）

附表 B-3　　　　　　　　高处作业个人防护用具实验项目、周期和要求

序号	名称	项目	周期	要求			说明
1	安全帽	冲击性能试验	按规定期限	冲击力不大于 4900N，帽壳不得有碎片脱落			依据《电力安全工作规程》，使用期限：从制造之日起，塑料帽不大于 2.5 年，玻璃钢帽不大于 3.5 年
		耐穿刺性能试验	按规定期限	钢锥不得接触头模表面，帽壳不得有碎片脱落			
2	安全带	整体静负荷试验	1 年	分类	试验力值/N	试验时间/min	参照《安全带》（GB 6095—2009）和《安全带测试方法》（GB/T 6096—2009）
				围杆作业安全带	4500	2	
				区域限制安全带	2000	2	
				坠落悬挂安全带	1500	5	
3	缓冲器	静负荷试验	1 年	(1) 悬垂状态下末端挂 5kg 重物，测量缓冲器端点间长度。 (2) 两端受力点之间加载 2kN 保持 2min，卸载 5min 后检查缓冲器是否打开，并在悬垂状态下，末端挂 5kg 重物，测量缓冲器端点间长度。 (3) 计算两次测量结果差，即初始变形，精确至 1mm			标准来自于《安全带测试方法》（GB/T 6096—2009）4.11.2

附录 C 风险控制专项措施

C.1 沟槽（竖井）深度超过 5m 的开挖施工作业
风险控制专项措施

（1）沟槽（竖井）深度超过 5m 的开挖作业需编制专项施工方案并组织专家论证。

（2）查明现况地下管线、人防、消防设施和文物的位置，并做好防护。

（3）当使用机械挖槽时，指挥人员应在机械工作半径以外，并设专人监护。

（4）人工挖土时，根据土质及沟槽深度放坡，开挖过程中或敞露期间采取防止沟壁塌方措施。

（5）挖方作业时，相邻作业人员保持一定间距，防止相互磕碰。

（6）挖出的土方及时外运，如在现场堆放应距槽边 2m 以外，其高度不得超过 1.5m。

（7）沟槽边设安全防护围栏，防止人员不慎坠入，夜间增设警示灯。

（8）作业人员通过工作斜梯进出竖井，工作斜梯及安全围栏稳定可靠，并设警告、提示标志。

（9）土方开挖过程中必须观测竖井周边土质是否存在裂缝及渗水等异常情况，适时进行监测。

（10）设置专用电源，接地可靠。

（11）人机配合作业时，加强人员与机械设备的安全距离。

（12）土方开挖后及时进行支护作业。

C.2 竖井井室结构施工作业风险控制专项措施

（1）各种机械、车辆、材料等严禁在基坑边缘 2m 内行驶、停放、堆放。

（2）竖井边设安全防护围栏，防止人员不慎坠入，夜间增设警示灯。

（3）上下传递（运输）钢筋等材料时，作业人员站位必须安全，上下方人员不得站在同一竖直位置上。

（4）竖井内垂直运输使用吊装带，检查防脱装置是否齐全有效，有专人指挥。

（5）作业现场严禁烟火，动火作业必须开具动火票，设专人检查、监控。

（6）模板在距沟槽边 1.5m 外的平坦地面处整齐堆放。

（7）搬运模板时，上下人员配合一致，防止模板倾倒产生砸伤事故。

（8）模板加固过程中，支点加固牢固、可靠，所用支撑材料无裂痕。

（9）浇筑混凝土时，模板必须安装牢固，不得漏浆。作业中配备模板工监护模板，发现位移或变形，必须立即停止浇筑。

（10）作业人员通过工作斜梯进出竖井，工作斜梯及安全围栏稳定可靠，并设安全标志。

C.3　盾构机安装拆除作业风险控制专项措施

（1）施工作业区设置安全围栏，悬挂安全警示标志，标志应清晰、齐全。

（2）各种机械、车辆、材料的等严禁在基坑边缘 2m 内行驶、停放、堆放。

（3）物料在吊篮内应均匀分布，不得超出吊篮。

（4）当长料在吊篮中立放时，采取防滚落措施，散料应装箱或装笼，严禁超载使用。

（5）钢丝绳与铁件绑扎处应衬垫物体，受力钢丝绳的内角侧严禁站人，在吊车回转半径内禁止人员穿行。

（6）高处作业设立稳固的操作平台，严禁利用绳索或拉线上下构架或下滑，严禁高处向下或低处向上抛扔工具、材料。

（7）临近带电体吊装作业要保证安全距离。

（8）电动机械必须采取防雨、防潮措施。

C.4　盾构施工掘进作业风险控制专项措施

（1）施工作业区设置安全围栏，悬挂安全警示标志，标志应清晰、齐全。

（2）核准隧道轴线位置是否准确，准确定位障碍物的位置。

（3）加密地质勘探孔的数量，详细了解地质状况，及时调整施工参数。

（4）加强监测，观测封门附近、工作井和周围环境的变化。

（5）隧道内必须配有足够的照明设施，并按时进行有毒有害气体检测。

（6）隧道内配有足够的通风设备，并将新鲜空气送至工作面。

（7）隧道内配备带栏杆的安全通道。隧道内运输、竖井垂直运输，设专人指挥，设备配备电铃，并限速行驶。严禁施工人员搭乘运输车辆。

（8）管片拼装时，拼装机旋转范围内严禁站人。

（9）注浆前应与注浆操作人员、制浆人员取得联系确认无误后方可启动注浆泵，及时检查管路连接是否正确、牢固，服从操作台操作工指挥，及时正确关闭阀门，冲洗管路作业必须两人操作。

（10）掘进过程中及时掌握盾构机监控电脑显示数据，查听机械运转声音，发现并排除设备故障。

（11）基座框架结构的强度和刚度应满足出洞段穿越加固土体所产生的推力。

（12）建立独立的通信系统，保证作业过程中井上与作业面通信畅通。

盾构隧道施工作业 B 票

工程名称：　　　　　　　　　　　　　　编号：SZ-BX-×××××××××××××××××-0001

施工班组（队）		工程阶段	施工准备及其他、基础
工序及作业内容	始发及接收井施工：始发井及接收井开挖及支护；中隔板施工；顶板施工。 竖井防水施工：防水作业。 盾构机安装、拆除：盾构机安装；盾构机拆除。 盾构机区间掘进施工：端头加固、盾构进洞作业；土方开挖及出土；管片安装；管片背后注浆；端头加固、盾构出洞	作业部位	×至×段作业区
执行方案名称		动态风险最高等级	
施工人数		计划开始时间	
实际开始时间		实际结束时间	
主要风险	高处坠落、火灾、机械伤害、坍塌、物体打击、中毒		
工作负责人		安全监护人 （多地点作业应 分别设监护人）	

具体分工（含特殊工种作业人员）：

其他施工人员：

作业必备条件及班前会检查

　　　　　　　　　　　　　　　　　　　　　　　　　　　　　　　　　　　　　　　是　否

（1）作业人员着装是否规范、精神状态是否良好，是否经安全培训。　　　　　　□　□

（2）特种作业人员是否持证上岗。　　　　　　　　　　　　　　　　　　　　　□　□

（3）作业人员是否无妨碍工作的职业禁忌。　　　　　　　　　　　　　　　　　□　□

（4）是否无超年龄或年龄不足参与作业。　　　　　　　　　　　　　　　　　　□　□

（5）施工机械、设备是否有合格证并经检测合格。　　　　　　　　　　　　　　□　□

（6）工器具是否经准入检查，是否完好，是否经检查合格有效。　　　　　　　　□　□

（7）是否配备个人安全防护用品，并经检验合格，是否齐全、完好。　　　　　　□　□

（8）结构性材料是否有合格证。　　　　　　　　　　　　　　　　　　　　　　□　□

（9）按规定需送检的材料是否送检并符合要求。　　　　　　　　　　　　　　　□　□

（10）安全文明施工设施是否符合要求，是否齐全、完好。　　　　　　　　　　□　□

（11）是否编制安全技术措施，安全技术方案是否制定并经审批或专家论证。　　□　□

（12）作业票是否已办理并进行交底。　　　　　　　　　　　　　　　　　　　□　□

（13）施工人员是否参加过本工程技术安全措施交底。　　　　　　　　　　　　□　□

（14）施工人员对工作分工是否清楚。　　　　　　　　　　　　　　　　　　　□　□

（15）各工作岗位人员对施工中可能存在的风险及预控措施是否明白。　　　　　□　□

（16）确保高原医疗保障系统运转正常，施工人员经防疫知识培训、习服合格，施工点必须配备足够的应急药品和吸氧设备，尽量避免在恶劣气象条件下工作（仅高海拔地区施工需做此项检查）。　　　　　　　　　　　　　　　　　　　　　　　　　　　　　　　　　　□　□

续表

具体控制措施见所附风险控制卡		
全员签名		
编制人 （工作负责人）		审核人 （安全、技术）
安全监护人		签发人 （施工项目部经理）
签发日期		
监理人员 （三级及以上风险）		业主项目部经理 （四级及以上风险）
备注		

C.5　明开隧道施工作业风险控制专项措施

（1）沟槽（竖井）深度超过 5m 的开挖作业需编制专项施工方案并组织专家论证。

（2）查明现况地下管线、人防、消防设施和文物的位置，并做好防护。基坑顶部按规范要求设置截水沟。

（3）挖土区域设警戒线，各种机械、车辆严禁在开挖的基础边。沟槽边设安全防护围栏，防止人员不慎坠入，夜间增设警示灯。

（4）土方开挖过程中必须观测基坑周边土质是否存在裂缝及渗水等异常情况，适时进行监测。

（5）人工挖土时，根据土质及沟槽深度放坡，开挖过程中或敞露期间采取防止沟壁塌方措施。

（6）当使用机械挖槽时，指挥人员在机械工作半径以外，并设专人监护。

（7）规范设置弃土提升装置，确保弃土提升装置安全性、稳定性。

（8）喷射混凝土施工用的工作台架牢固可靠，并设置安全栏杆。

（9）规范设置供作业人员上下基坑的安全通道（梯子），并设置安全标志。

（10）挖方作业时，相邻作业人员保持一定间距，防止相互磕碰。人机配合作业时，作业人员与机械设备保持安全距离。

（11）挖出的土方及时外运，如在现场堆放距槽边 2m 以外，其高度不得超过 1.5m。

（12）设置专用电源，接地可靠。

（13）土方开挖后及时进行支护作业。

明开隧道沟槽开挖施工作业 B 票

工程名称：

编号：SZ－BX－ⅩⅩⅩⅩⅩⅩⅩⅩⅩⅩⅩⅩⅩⅩⅩⅩⅩⅩⅩ－0001

施工班组（队）		工程阶段	基础
工序及作业内容	沟槽开挖：普通沟槽开挖；深度超过 5m（含 5m）深基槽开挖；锚喷加固	作业部位	×至×段作业区
执行方案名称		动态风险最高等级	
施工人数		计划开始时间	
实际开始时间	：	实际结束时间	
主要风险	机械伤害、高处坠落、坍塌、触电、机械伤害、爆炸		
工作负责人		安全监护人（多地点作业应分别设监护人）	

具体分工（含特殊工种作业人员）：

其他施工人员：

作业必备条件及班前会检查

	是	否
（1）作业人员着装是否规范、精神状态是否良好，是否经安全培训。	□	□
（2）特种作业人员是否持证上岗。	□	□
（3）作业人员是否无妨碍工作的职业禁忌。	□	□
（4）是否无超年龄或年龄不足参与作业。	□	□
（5）施工机械、设备是否有合格证并经检测合格。	□	□
（6）工器具是否经准入检查，是否完好，是否经检查合格有效。	□	□
（7）是否配备个人安全防护用品，并经检验合格，是否齐全、完好。	□	□
（8）结构性材料是否有合格证。	□	□
（9）按规定需送检的材料是否送检并符合要求。	□	□
（10）安全文明施工设施是否符合要求，是否齐全、完好。	□	□
（11）是否编制安全技术措施，安全技术方案是否制定并经审批或专家论证。	□	□
（12）作业票是否已办理并进行交底。	□	□
（13）施工人员是否参加过本工程技术安全措施交底。	□	□
（14）施工人员对工作分工是否清楚。	□	□
（15）各工作岗位人员对施工中可能存在的风险及预控措施是否明白。	□	□
（16）确保高原医疗保障系统运转正常，施工人员经防疫知识培训、习服合格，施工点必须配备足够的应急药品和吸氧设备，尽量避免在恶劣气象条件下工作（仅高海拔地区施工需做此项检查）。	□	□

具体控制措施见所附风险控制卡			
全员签名			
编制人 （工作负责人）		审核人 （安全、技术）	
安全监护人		签发人 （施工项目部经理）	
签发日期			
监理人员 （三级及以上风险）		业主项目部经理 （四级及以上风险）	
备注			

C.6 龙门架安装、拆除施工作业风险控制专项措施

（1）临近带电体吊装作业要保证安全距离，起重设备应地良好。

（2）吊装作业区域设置安全标志，起重作业设专人指挥。

（3）起吊过程中在伸臂及吊物的下方，任何人员不得通过或停留，龙门架体禁止与锁口圈梁有连接点。

（4）吊装过程，如出现异常立即停止牵引，查明原因。

（5）工具或材料要放在工具袋内或用绳索绑扎，严禁浮搁在构架，上下传递用绳索吊送，严禁高空抛掷。

（6）组立拆除过程中，吊件垂直下方和受力钢丝绳内角侧严禁站人。

（7）严禁利用绳索或拉线上下构架或下滑。

（8）高处作业设立稳固的操作平台。

（9）电气设备采取防雨、防潮措施。

（10）遇大风、雷雨天气严禁施工。

　　　　　　　　　　　　　　龙门架安装、拆除施工作业 B 票

工程名称：　　　　　　　　　　　　　　编号：SZ‐BX‐×××××××××××××××××××××‐0001

施工班组（队）			工程阶段	施工准备及其他
工序及作业内容	龙门架安装、拆除；龙门架安装；龙门架拆除		作业部位	×至×段作业区
执行方案名称			动态风险最高等级	
施工人数			计划开始时间	
实际开始时间			实际结束时间	
主要风险	触电、机械伤害、高处坠落、物体打击			
工作负责人			安全监护人 （多地点作业应 分别设监护人）	
具体分工（含特殊工种作业人员）：				
其他施工人员：				
作业必备条件及班前会检查				

	是	否
（1）作业人员着装是否规范、精神状态是否良好，是否经安全培训。	□	□
（2）特种作业人员是否持证上岗。	□	□
（3）作业人员是否无妨碍工作的职业禁忌。	□	□
（4）是否无超年龄或年龄不足参与作业。	□	□
（5）施工机械、设备是否有合格证并经检测合格。	□	□
（6）工器具是否经准入检查，是否完好，是否经检查合格有效。	□	□
（7）是否配备个人安全防护用品，并经检验合格，是否齐全、完好。	□	□
（8）结构性材料是否有合格证。	□	□
（9）按规定需送检的材料是否送检并符合要求。	□	□
（10）安全文明施工设施是否符合要求，是否齐全、完好。	□	□
（11）是否编制安全技术措施，安全技术方案是否制定并经审批或专家论证。	□	□
（12）作业票是否已办理并进行交底。	□	□
（13）施工人员是否参加过本工程技术安全措施交底。	□	□
（14）施工人员对工作分工是否清楚。	□	□
（15）各工作岗位人员对施工中可能存在的风险及预控措施是否明白。	□	□
（16）确保高原医疗保障系统运转正常，施工人员经疫病知识培训、习服合格，施工点必须配备足够的应急药品和吸氧设备，尽量避免在恶劣气象条件下工作（仅高海拔地区施工需做此项检查）。	□	□

具体控制措施见所附风险控制卡			
全员签名			
编制人 （工作负责人）		审核人 （安全、技术）	
安全监护人		签发人 （施工项目部经理）	
签发日期			
监理人员 （三级及以上风险）		业主项目部经理 （四级及以上风险）	
备注			

C.7 浅埋暗挖隧道支护开挖施工作业风险控制专项措施

（1）在地下水位较高且透水性好的地层施工、穿越河流或雨季作业，做好挡水、止水、降水、排水措施。

（2）开挖过程中，施工人员随时观察井壁和支护结构的稳定状况，发现井壁土体出现裂缝、位移或支护结构出现变形坍塌征兆时，必须立即停止作业，人员撤至安全地带，经处理确认安全后方可继续作业。

（3）马头门及时封闭成环，增强洞口的安全性和稳定性。

（4）马头门施工过程中加强对地表下沉、马头门结构拱顶下沉的监控量测，适当增加测量频率，发现异常时及时采取措施。

（5）破除作业施工人员佩戴防尘防护用品。

（6）严禁超挖、欠挖，严格控制开挖步距，一般每循环开挖长度按设计图纸要求进行。

（7）根据竖井的工作面数量设置相应数量的通风机，将新鲜空气经通风管送至工作面。

浅埋暗挖隧道支护开挖工作 B 票

工程名称： 编号：SZ‑BX‑×××××××××××××××××‑0001

施工班组（队）		工程阶段	基础
工序及作业内容	隧道支护开挖：马头门开挖及支护；隧道开挖及支护	作业部位	×至×段作业区
执行方案名称		动态风险最高等级	
施工人数		计划开始时间	
实际开始时间		实际结束时间	
主要风险	塌方		
工作负责人		安全监护人（多地点作业应分别设监护人）	

具体分工（含特殊工种作业人员）：

其他施工人员：

作业必备条件及班前会检查

	是	否
（1）作业人员着装是否规范、精神状态是否良好，是否经安全培训。	□	□
（2）特种作业人员是否持证上岗。	□	□
（3）作业人员是否无妨碍工作的职业禁忌。	□	□
（4）是否无超年龄或年龄不足参与作业。	□	□
（5）施工机械、设备是否有合格证并经检测合格。	□	□
（6）工器具是否经准入检查，是否完好，是否经检查合格有效。	□	□
（7）是否配备个人安全防护用品，并经检验合格，是否齐全、完好。	□	□
（8）结构性材料是否有合格证。	□	□
（9）按规定需送检的材料是否送检并符合要求。	□	□
（10）安全文明施工设施是否符合要求，是否齐全、完好。	□	□
（11）是否编制安全技术措施，安全技术方案是否制定并经审批或专家论证。	□	□
（12）作业票是否已办理并进行交底。	□	□
（13）施工人员是否参加过本工程技术安全措施交底。	□	□
（14）施工人员对工作分工是否清楚。	□	□
（15）各工作岗位人员对施工中可能存在的风险及预控措施是否明白。	□	□
（16）确保高原医疗保障系统运转正常，施工人员经防疫知识培训、习服合格，施工点必须配备足够的应急药品和吸氧设备，尽量避免在恶劣气象条件下工作（仅高海拔地区施工需做此项检查）。	□	□

具体控制措施见所附风险控制卡			
全员签名			
编制人 （工作负责人）		审核人 （安全、技术）	
安全监护人		签发人 （施工项目部经理）	
签发日期			
监理人员 （三级及以上风险）		业主项目部经理 （四级及以上风险）	
备注			

C.8 索道运输施工作业风险控制专项措施

（1）索道装置经过验收合格后方可投入运输作业。

（2）在工作索与水平面的夹角在 15°以上的下坡侧料场，采取相应的安全防护措施。

（3）索道每天运行前，检查索道系统各部件是否处于完好状态，开机空载运行时间不少于 2min，发现异常及时处理。

（4）运输索道正下方左右各 10m 的范围为危险区域，设置明显醒目的警告标志，并设专人监管，禁止人畜进入。投入运输前经验收合格。

（5）严禁超载、装卸笨重物件，严禁运送人员，索道下方严禁站人，派专人监护，对索道下方及绑扎点进行检查。

（6）货运索道的装料、卸料在索道停止运行的情况下进行作业；山坡下方的装、卸料处设置安全挡。

（7）一个张紧区段内的承载索，采用整根钢丝绳，规格满足要求；返空索直径不宜小于 12mm；牵引索采用较柔软、耐磨性好的钢丝绳，规格满足要求。

（8）索道支架宜采用四支腿外拉线结构，支架拉线对地夹角不超过 45°。支架基础位于边坡附近时，应校验边坡稳定性，必要时在周围设置防护及排水设施。货物通过支架时，其边缘距离支架支腿不得小于 100mm。支架承载的安全系数不小于 3。

（9）循环式索道驱动装置采用摩擦式驱动装置，卷筒的抗滑安全系数，正常运行时不得小于 1.5；在最不利载荷情况下启动或制动时，不得小于 1.25。最高运行速度不宜超过 60m/min。卷筒上的钢索至少缠绕 5 圈。

（10）牵引索的钳口使用过程中经常检查，定期更换。

附表 C-5 索 道 运 输 作 业 B 票

工程名称： 编号：SZ-BX-××××××××××××××××××××-0001

施工班组（队）			工程阶段	组塔
工序及作业内容	杆塔运输：索道运输		作业部位	×号塔运输道路途经区
执行方案名称			动态风险最高等级	
施工人数			计划开始时间	
实际开始时间			实际结束时间	
主要风险	机械伤害、物体打击、坍塌			
工作负责人			安全监护人 （多地点作业应 分别设监护人）	

具体分工（含特殊工种作业人员）：

其他施工人员：

作业必备条件及班前会检查

	是	否
（1）作业人员着装是否规范、精神状态是否良好，是否经安全培训。	□	□
（2）特种作业人员是否持证上岗。	□	□
（3）作业人员是否无妨碍工作的职业禁忌。	□	□
（4）是否无超年龄或年龄不足参与作业。	□	□
（5）施工机械、设备是否有合格证并经检测合格。	□	□
（6）工器具是否经准入检查，是否完好，是否经检查合格有效。	□	□
（7）是否配备个人安全防护用品，并经检验合格，是否齐全、完好。	□	□
（8）结构性材料是否有合格证。	□	□
（9）按规定需送检的材料是否送检并符合要求。	□	□
（10）安全文明施工设施是否符合要求，是否齐全、完好。	□	□
（11）是否编制安全技术措施，安全技术方案是否制定并经审批或专家论证。	□	□
（12）作业票是否已办理并进行交底。	□	□
（13）施工人员是否参加过本工程技术安全措施交底。	□	□
（14）施工人员对工作分工是否清楚。	□	□
（15）各工作岗位人员对施工中可能存在的风险及预控措施是否明白。	□	□
（16）确保高原医疗保障系统运转正常，施工人员经防疫知识培训、习服合格，施工点必须配备足够的应急药品和吸氧设备，尽量避免在恶劣气象条件下工作（仅高海拔地区施工需做此项检查）。	□	□

具体控制措施见所附风险控制卡			
全员签名			
编制人 （工作负责人）		审核人 （安全、技术）	
安全监护人		签发人 （施工项目部经理）	
签发日期			
监理人员 （三级及以上风险）		业主项目部经理 （四级及以上风险）	
备注			

C.9 悬浮抱杆分解组立铁塔施工作业风险控制专项措施

（1）作业前检查铁塔是否可靠接地，地脚螺栓垫片螺帽是否安装到位。

（2）作业前校核抱杆系统布置情况。对抱杆、起重滑车、吊点钢丝绳、承托钢丝绳等主要受力工具进行详细检查，严禁以小带大或超负荷使用。

（3）起吊前校核起吊塔片重量，严禁超负荷吊装。

（4）拉线间及拉线对地角度要符合措施要求，临近带电体安全距离满足要求。

（5）受力地锚、铁桩牢固可靠，埋深符合施工方案要求，回填土层逐层夯实。严禁利用树木或裸露的岩石做作业受力地锚。

（6）高处作业人员要衣着灵便，穿软底防滑鞋，使用全方位安全带，速差自控器等保护设施，挂设在牢靠的部件上，且不得低挂高用。

（7）钢丝绳端部用绳卡固定连接时，绳卡压板在钢丝绳主要受力的一边，且绳卡不得正反交叉设置；绳卡间距不应小于钢丝绳直径的 6 倍；绳卡数量符合规定。

（8）牵引地锚坑要尽量避免在起吊方向，牵引地锚与塔中心的水平距离不小于塔全高的 1.5 倍。调整绳方向视吊片方向而定，距离保证调整绳对水平地面的夹角不大于 45°，可采用地钻或小号地锚固定。对于山区特殊地形情况大于 45°时考虑采用其他措施。承托绳应绑扎在主材节点的上方。承托绳与抱杆轴线间夹角不大于45°。

（9）工具或材料要放在工具袋内或用绳索绑扎，上下传递用绳索吊送，严禁高空抛掷。

（10）组立杆塔过程中，吊件垂直下方及受力钢丝绳的内角侧严禁站人。

（11）杆塔材、工具严禁浮搁在杆塔及抱杆上。

（12）严禁利用绳索或拉线上下杆塔或顺杆下滑。

（13）吊点绑扎要设专人负责，绑扎要牢固，在绑扎处塔材做防护，对须补强的构件吊点予以可靠补强。

（14）抱杆提升前，将提升腰滑车处及其以下塔身的辅材装齐，并紧固螺栓，承托绳以下的塔身结构必须组装齐全，主要构件不得缺少。提升抱杆宜设置两道腰环，且间距不得小于5m，以保持抱杆的竖直状态，起吊过程中抱杆腰环不得受力。

（15）吊装过程，施工现场任何人发现异常应立即停止牵引，查明原因，作出妥善处理，不得强行吊装。

（16）磨绳缠绕不得少于5圈，拉磨尾绳不应少于2人，人员应站在锚桩后面，并不得站在绳圈内。

附表 C‑6　　　　　　　　悬浮抱杆分解组立铁塔施工作业 B 票

工程名称：　　　　　　　　　　编号：SZ‑BX‑×××××××××××××××××××‑0001

施工班组（队）			工程阶段	组塔
工序及作业内容	悬浮抱杆分解组立（含附着式外拉线分解组立）：吊装塔腿塔片；临时接地；抱杆系统布置；地锚坑选择及设置；起立抱杆；地面塔片组装；吊装塔片；提升抱杆；吊装塔头；拆除抱杆		作业部位	×号杆塔
执行方案名称			动态风险最高等级	
施工人数			计划开始时间	
实际开始时间			实际结束时间	
主要风险	物体打击、机械伤害、触电、高处坠落、其他伤害			
工作负责人			安全监护人（多地点作业应分别设监护人）	
具体分工（含特殊工种作业人员）：				
其他施工人员：				

作业必备条件及班前会检查		
	是	否

（1）作业人员着装是否规范、精神状态是否良好，是否经安全培训。 ☐ ☐
（2）特种作业人员是否持证上岗。 ☐ ☐
（3）作业人员是否无妨碍工作的职业禁忌。 ☐ ☐
（4）是否无超年龄或年龄不足参与作业。 ☐ ☐
（5）施工机械、设备是否有合格证并经检测合格。 ☐ ☐
（6）工器具是否经准入检查，是否完好，是否经检查合格有效。 ☐ ☐
（7）是否配备个人安全防护用品，并经检验合格，是否齐全、完好。 ☐ ☐
（8）结构性材料是否有合格证。 ☐ ☐
（9）按规定需送检的材料是否送检并符合要求。 ☐ ☐
（10）安全文明施工设施是否符合要求，是否齐全、完好。 ☐ ☐
（11）是否编制安全技术措施，安全技术方案是否制定并经审批或专家论证。 ☐ ☐
（12）作业票是否已办理并进行交底。 ☐ ☐
（13）施工人员是否参加过本工程技术安全措施交底。 ☐ ☐
（14）施工人员对工作分工是否清楚。 ☐ ☐
（15）各工作岗位人员对施工中可能存在的风险及预控措施是否明白。 ☐ ☐
（16）确保高原医疗保障系统运转正常，施工人员经防疫知识培训、习服合格，施工点必须配备足够的应急药品和吸氧设备，尽量避免在恶劣气象条件下工作（仅高海拔地区施工需做此项检查）。 ☐ ☐

具体控制措施见所附风险控制卡

全员签名

编制人 （工作负责人）		审核人 （安全、技术）	
安全监护人		签发人 （施工项目部经理）	
签发日期			
监理人员 （三级及以上风险）		业主项目部经理 （四级及以上风险）	
备注			

C.10 落地通天抱杆分解吊装组立铁塔施工作业风险控制专项措施

（1）杆塔地面组装场地平整，障碍物应清除，塔材不得顺斜坡堆放，山坡上的塔片垫物应稳固，且有防止构件滑动的措施，组装管形构件时，构件间未连接前采取防止滚动的措施。

（2）根据抱杆的荷载能力，核对吊段重量参数，不得超载荷使用。

108

（3）起吊作业时，起吊物下方不得有人员逗留。

（4）机动绞磨设置在塔高的 1.2 倍安全距离外，布设平稳。机动绞磨的锚桩牢固可靠。

（5）临时地锚（含地锚和锚桩）视地质条件设置。地锚埋设时，地锚绳套引出位置应开挖马道，马道与受力方向应一致。采用角铁桩或钢管桩时，一组桩的主桩上应控制一根拉绳。

（6）提升抱杆设置两道腰环；采用单腰环时，抱杆顶部增设临时拉线控制。

（7）吊件在起吊时，吊点在重心上，绑扎点用麻袋或软物衬垫。

（8）拆除过程中提前逐节拆除最上道腰环，避免卡住抱杆或抱杆失去保护。

（9）当抱杆剩下一道腰环时，为防止抱杆倾斜，将吊点移至抱杆上部，采用滑车组，分解拆除抱杆桅杆、吊臂、顶升架和本体等结构，将抱杆拆除。

附表 C-7　　　　**落地通天抱杆分解吊装组立铁塔施工作业 B 票**

工程名称：　　　　　　　　　　　编号：SZ-BX-×××××××××××××××××××-0001

施工班组（队）		工程阶段	组塔
工序及作业内容	落地通天抱杆分解吊装组立（带摇臂）：牵引设备布置；临时地锚布置；地面组装；组立塔腿；起立抱杆；第一次倒装抱杆；吊装塔段；倒装抱杆；酒杯塔上、下曲臂吊装；吊装顶架、横担；抱杆拆除。 落地通天抱杆分解吊装组立（不带摇臂）：牵引设备布置；临时地锚布置；地面组装；组立塔腿；起立抱杆；第一次倒装抱杆；吊装塔段；倒装抱杆；吊装塔片；吊装塔头；拆除抱杆	作业部位	×号杆塔
执行方案名称		动态风险最高等级	
施工人数		计划开始时间	
实际开始时间		实际结束时间	
主要风险	机械伤害、物体打击、其他伤害		
工作负责人		安全监护人 （多地点作业应 分别设监护人）	
具体分工（含特殊工种作业人员）：			
其他施工人员：			

作业必备条件及班前会检查		
	是	否
（1）作业人员着装是否规范、精神状态是否良好，是否经安全培训。	☐	☐
（2）特种作业人员是否持证上岗。	☐	☐
（3）作业人员是否无妨碍工作的职业禁忌。	☐	☐
（4）是否无超年龄或年龄不足参与作业。	☐	☐
（5）施工机械、设备是否有合格证并经检测合格。	☐	☐
（6）工器具是否经准入检查，是否完好，是否经检查合格有效。	☐	☐
（7）是否配备个人安全防护用品，并经检验合格，是否齐全、完好。	☐	☐
（8）结构性材料是否有合格证。	☐	☐
（9）按规定需送检的材料是否送检并符合要求。	☐	☐
（10）安全文明施工设施是否符合要求，是否齐全、完好。	☐	☐
（11）是否编制安全技术措施，安全技术方案是否制定并经审批或专家论证。	☐	☐
（12）作业票是否已办理并进行交底。	☐	☐
（13）施工人员是否参加过本工程技术安全措施交底。	☐	☐
（14）施工人员对工作分工是否清楚。	☐	☐
（15）各工作岗位人员对施工中可能存在的风险及预控措施是否明白。	☐	☐
（16）确保高原医疗保障系统运转正常，施工人员经防疫知识培训、习服合格，施工点必须配备足够的应急药品和吸氧设备，尽量避免在恶劣气象条件下工作（仅高海拔地区施工需做此项检查）。	☐	☐
具体控制措施见所附风险控制卡		
全员签名		
编制人（工作负责人）		审核人（安全、技术）
安全监护人		签发人（施工项目部经理）
签发日期		
监理人员（三级及以上风险）		业主项目部经理（四级及以上风险）
备注		

C.11 全倒装分解组立、起重机吊装、高塔组立铁塔施工作业风险控制专项措施

（1）施工前根据杆塔高度及分片、段重量，合理选择配备起重设备、工器具，严格控制单吊重量。

（2）按照施工方案设置倒装架基础。四个倒装架基础应位于铁塔对角线延长线上，且对称布置。

（3）安装倒装架四根立柱，分别打拉线固定。立柱之间用拉线或连梁连接成整体（在塔头整立侧留一面暂不封口）用拉线或连梁封固倒装架开口一面。

（4）塔头的地面组装方向与倒装架的开口方向一致，顺线路中心线方向布置，并确保整立后位于铁塔中心位置。

（5）塔头整立部分至少有一段塔身，高度必须保证横担下平面高于倒装架，最下段宜选择有内水平十字铁的塔段，否则采取补强措施。主材下节点处安装提升板。

（6）地锚埋设时，地锚绳套引出位置应开挖马道，马道与受力方向应一致。采用角铁桩或钢管桩时，一组桩的主桩上控制一根拉绳。

（7）启动牵引动力使 4 根起吊绳同时收紧，调整平衡滑车使 4 根起吊绳松紧一致，缓慢牵引，调整临时拉线使提升段正直并位于塔位中心。

（8）高塔作业增设水平移动保护绳，垂直移动使用安全自锁器等防坠装置。

（9）高处作业人员在转移作业位置时不得失去保护，手扶的构件必须牢固。

（10）作业人员在间隔大的部位转移作业位置时，增设临时扶手，不得沿单根构件上爬或下滑。

（11）起重设备吊装前选择确定合适的场地进行平整，衬垫支腿枕木不得少于两根且长度不得小于 1.2m，认真检查各起吊系统，具备条件后方可起吊。

（12）吊件离地面约 100mm 时，暂停起吊检查，确认正常吊件上无搁置的物及人员后方可继续吊桩，起吊速度均匀。

附表 C-8　　全倒装分解组立、起重机吊装、高塔组立铁塔施工作业 B 票

工程名称：　　　　　　　　　　　　　　　编号：SZ-BX-××××××××××××××××××××-0001

施工班组（队）		工程阶段	组塔
工序及作业内容	全倒装分解组立：设置倒装架基础；临时地锚布置；安装倒装架；组立塔头；倒装架封口；塔段提升；塔段安装。 起重机吊装立塔：起重机械设备及工器具的选择；杆塔吊装。 临近带电体组立塔：各类型式组塔。 高塔组立：全高为 80m 及以上的杆塔组立	作业部位	×号杆塔
执行方案名称		动态风险最高等级	

施工人数		计划开始时间	
实际开始时间		实际结束时间	
主要风险	触电、高处坠落、机械伤害、物体打击		
工作负责人		安全监护人 （多地点作业应 分别设监护人）	

具体分工（含特殊工种作业人员）：

其他施工人员：

作业必备条件及班前会检查

	是	否
（1）作业人员着装是否规范、精神状态是否良好，是否经安全培训。	□	□
（2）特种作业人员是否持证上岗。	□	□
（3）作业人员是否无妨碍工作的职业禁忌。	□	□
（4）是否无超年龄或年龄不足参与作业。	□	□
（5）施工机械、设备是否有合格证并经检测合格。	□	□
（6）工器具是否经准入检查，是否完好，是否经检查合格有效。	□	□
（7）是否配备个人安全防护用品，并经检验合格，是否齐全、完好。	□	□
（8）结构性材料是否有合格证。	□	□
（9）按规定需送检的材料是否送检并符合要求。	□	□
（10）安全文明施工设施是否符合要求，是否齐全、完好。	□	□
（11）是否编制安全技术措施，安全技术方案是否制定并经审批或专家论证。	□	□
（12）作业票是否已办理并进行交底。	□	□
（13）施工人员是否参加过本工程技术安全措施交底。	□	□
（14）施工人员对工作分工是否清楚。	□	□
（15）各工作岗位人员对施工中可能存在的风险及预控措施是否明白。	□	□
（16）确保高原医疗保障系统运转正常，施工人员经防疫知识培训、习服合格，施工点必须配备足够的应急药品和吸氧设备，尽量避免在恶劣气象条件下工作（仅高海拔地区施工需做此项检查）。	□	□

具体控制措施见所附风险控制卡

全员签名

编制人 （工作负责人）		审核人 （安全、技术）	
安全监护人		签发人 （施工项目部经理）	
签发日期			
监理人员 （三级及以上风险）		业主项目部经理 （四级及以上风险）	
备注			

C.12 水泥杆、钢管杆组立施工作业风险控制专项措施

（1）制动地锚选在线路中心线上，并距杆高 1.2 倍处。开度与根开一致。总牵引地锚，距中心桩为杆高的 1.3～1.5 倍。四方临时拉线距离不小于杆高的 1.2 倍。两侧临时拉线横线路方向布置；前后临时拉线顺线路布置；后临时拉线可与制动系统合用一个地锚。

（2）牵引动力地锚在总牵引地锚远方 8～10m，与线路中心线夹角 100°左右。

（3）采用埋土地锚时，地锚绳套引出位置开挖马道，马道与受力方向应一致。采用角铁桩或钢管桩时，一组桩的主桩上控制一根拉绳。

（4）分解组立混凝土电杆宜采用人字抱杆任意方向单扳法。若采用通天抱杆单杆起吊时，电杆长度不宜超过 21m。采用人字抱杆单立电杆时，执行整体组立杆塔的有关规定。采用通天抱杆起吊单杆时，临时拉线应锚固可靠；电杆绑扎点不得少于 2 个。

（5）电杆的临时拉线数量：单杆不得少于 4 根，双杆不得少于 6 根。抱杆的临时拉线设置不得妨碍电杆及横担的吊装；若为门形杆时，先立一根电杆的拉线不得妨碍待立电杆和横担的吊装。电杆立起后，不得在临时拉线在地面未固定前登杆作业；横担吊装未达到设计位置前，杆上不得有人。

（6）起重臂及吊件下方必须划定作业区，地面设安全监护人，专人指挥，起重机工作位置的地基必须稳固，附近的障碍物清除。起重机在作业中出现异常时，应采取措施放下吊件，停止运转后进行检修，严禁在运转中进行调整或检修。指挥人员看不清作业地点或操作人员看不清指挥信号时，均不得进行起吊作业。

（7）使用两台起重机抬吊同一构件时，起重机承担的构件重量考虑不平衡系数后且不应超过该机额定起吊重量的 80%；两台起重机应互相协调，起吊速度应基本一致。

（8）临近带电体附近组塔时，起重机必须接地良好。接地线截面不小于 16mm²。与带电体的最小安全距离应符合安规要求。

（9）吊装水泥杆、钢管杆前，应对已组段（件）进行全面检查，螺栓应紧固，吊点处不应缺件。吊件离开地面约 0.1m 时暂停起吊并进行检查，确认正常且吊件上无搁置物及人员，进行一次冲击试验后方可继续起吊。起吊速度应均匀，缓提缓放。

（10）分段吊装杆段时，上下段连接后，严禁用旋转起重臂的方法进行移位找正。分段分片吊装杆段时，设置控制绳。

附表 C-9　　　　　　　水泥杆、钢管杆组立施工作业 B 票

工程名称：

编号：SZ-BX-××××××××××××××××××-0001

施工班组（队）		工程阶段	组塔
工序及作业内容	水泥杆施工：水泥杆排杆；水泥杆焊接；地锚坑选择及设置；水泥杆组立。 钢管杆施工：起重机械就位；起重机械吊装	作业部位	×号杆塔
执行方案名称		动态风险最高等级	

施工人数		计划开始时间	
实际开始时间		实际结束时间	
主要风险	机械伤害、物体打击、爆炸、火灾		
工作负责人		安全监护人 （多地点作业应 分别设监护人）	

具体分工（含特殊工种作业人员）：

其他施工人员：

作业必备条件及班前会检查

	是	否
（1）作业人员着装是否规范、精神状态是否良好，是否经安全培训。	□	□
（2）特种作业人员是否持证上岗。	□	□
（3）作业人员是否无妨碍工作的职业禁忌。	□	□
（4）是否无超年龄或年龄不足参与作业。	□	□
（5）施工机械、设备是否有合格证并经检测合格。	□	□
（6）工器具是否经准入检查，是否完好，是否经检查合格有效。	□	□
（7）是否配备个人安全防护用品，并经检验合格，是否齐全、完好。	□	□
（8）结构性材料是否有合格证。	□	□
（9）按规定需送检的材料是否送检并符合要求。	□	□
（10）安全文明施工设施是否符合要求，是否齐全、完好。	□	□
（11）是否编制安全技术措施，安全技术方案是否制定并经审批或专家论证。	□	□
（12）作业票是否已办理并进行交底。	□	□
（13）施工人员是否参加过本工程技术安全措施交底。	□	□
（14）施工人员对工作分工是否清楚。	□	□
（15）各工作岗位人员对施工中可能存在的风险及预控措施是否明白。	□	□
（16）确保高原医疗保障系统运转正常，施工人员经防疫知识培训、习服合格，施工点必须配备足够的应急药品和吸氧设备，尽量避免在恶劣气象条件下工作（仅高海拔地区施工需做此项检查）。	□	□

具体控制措施见所附风险控制卡

全员签名

编制人 （工作负责人）		审核人 （安全、技术）	
安全监护人		签发人 （施工项目部经理）	
签发日期			
监理人员 （三级及以上风险）		业主项目部经理 （四级及以上风险）	
备注			

C.13 整体立塔（杆）施工作业风险控制专项措施

（1）杆塔地面组装场地平整，障碍物清除，塔材不得顺斜坡堆放，山坡上的塔片垫物稳固，且有防止构件滑动的措施，组装管形构件时，构件间未连接前采取防止滚动的措施。

（2）起吊作业时，吊物下方作业人员不得逗留。

（3）制动地锚选在混凝土杆中心线上，并距杆高1.2倍处。开度与根开一致。总牵引地锚，距中心桩为杆高的1.3～1.5倍。临时拉线距离不小于杆高的1.2倍。

（4）牵引动力地锚在总牵引地锚远方8～10m，与线路中心线夹角100°左右。

（5）地锚埋设地锚绳套引出位置应开挖马道，马道与受力方向应一致。采用角铁桩或钢管桩时，一组桩的主桩上应控制一根拉绳。

（6）现场指挥在抱杆脱帽前应位于四点一线的垂直面上，人员不得站在总牵引地锚受力前方。

（7）在杆塔起立过程中，根部看守人员根据杆塔根部位置和杆塔起立程度指挥制动人员回松制动绳；制动绳人员根据指令同步均匀回松，不得松落。

（8）杆塔起立角约70°时减慢牵引速度。约80°时应停止牵引，缓慢回松后临时拉线，依靠牵引系统的重力将铁塔调直。

（9）杆塔顶部吊离地面约500mm时，暂停牵引，进行冲击试验，全面检查各受力部位，确认无问题后方可继续起立。

附表 C-10　　　　　　　　　整体立塔（杆）施工作业 B 票

工程名称：　　　　　　　　　编号：SZ-BX-×××××××××××××××××××××-0001

施工班组（队）		工程阶段	组塔
工序及作业内容	整体立塔施工；地面组装；临时地锚布置；抱杆系统布置；初始起立；正式起立；慢速起立；停止牵引、调整塔身固定临时拉线	作业部位	×号杆塔
执行方案名称		动态风险最高等级	
施工人数		计划开始时间	
实际开始时间		实际结束时间	
主要风险	机械伤害、物体打击、其他伤害		
工作负责人		安全监护人（多地点作业应分别设监护人）	
具体分工（含特殊工种作业人员）：			
其他施工人员：			

作业必备条件及班前会检查		
	是	否
(1) 作业人员着装是否规范、精神状态是否良好，是否经安全培训。	□	□
(2) 特种作业人员是否持证上岗。	□	□
(3) 作业人员是否无妨碍工作的职业禁忌。	□	□
(4) 是否无超年龄或年龄不足参与作业。	□	□
(5) 施工机械、设备是否有合格证并经检测合格。	□	□
(6) 工器具是否经准入检查，是否完好，是否经检查合格有效。	□	□
(7) 是否配备个人安全防护用品，并经检验合格，是否齐全、完好。	□	□
(8) 结构性材料是否有合格证。	□	□
(9) 按规定需送检的材料是否送检并符合要求。	□	□
(10) 安全文明施工设施是否符合要求，是否齐全、完好。	□	□
(11) 是否编制安全技术措施，安全技术方案是否制定并经审批或专家论证。	□	□
(12) 作业票是否已办理并进行交底。	□	□
(13) 施工人员是否参加过本工程技术安全措施交底。	□	□
(14) 施工人员对工作分工是否清楚。	□	□
(15) 各工作岗位人员对施工中可能存在的风险及预控措施是否明白。	□	□
(16) 确保高原医疗保障系统运转正常，施工人员经防疫知识培训、习服合格，施工点必须配备足够的应急药品和吸氧设备，尽量避免在恶劣气象条件下工作（仅高海拔地区施工需做此项检查）。	□	□

具体控制措施见所附风险控制卡
全员签名

编制人 （工作负责人）		审核人 （安全、技术）	
安全监护人		签发人 （施工项目部经理）	
签发日期			
监理人员 （三级及以上风险）		业主项目部经理 （四级及以上风险）	
备注			

C.14 附件安装施工作业风险控制专项措施

（1）附件安装作业区间两端装设接地线。施工的线路上有高压感应电时，在作业点两侧加装工作接地线。

（2）施工人员在装设个人保安装地线后，方可进行附件安装。挂设保安接地线时，先挂接地端后挂导线端，拆除时顺序相反。

（3）附件安装时，安全绳或速差自控器拴在横担主材上。安装间隔棒时，安全带挂在一根子导线上，后备保护绳拴在整相导线上。上下瓷瓶串，使用下线爬梯和速差自控器。

（4）相邻杆塔不得同时在同相（极）位安装附件，作业点垂直下方不得有人。

（5）导地线的提升点挂在施工孔处，提升位置无施工孔时，其位置必须经验算确定，并衬垫软物。必要时对横担采取补强措施。

（6）锚线工器具相互独立且规格符合受力要求，铁塔横担平衡受力，导线开断逐根、逐相两侧平衡进行，二道保险绳拴在铁塔横担处。

（7）收紧导链使导线离开滑轮适当位置，拆除、松下多轮滑车时，不得用人力直接松放。

（8）跨越带电线路时两侧杆塔的绝缘子串，在附件安装前安装好二道防护。

（9）跨越电力线、铁路、公路或通航河流等线路杆塔上附件安装时采取防导线或地线坠落措施。

（10）提升金具、工具等必须绑扎牢固，拉绳人员不准在垂直下方，杆塔上作业人员所用工具材料不准投抛，传递时使用绳索。

附表 C-11　　　　　　　　　　　附件安装施工作业 B 票

工程名称：　　　　　　　　　　　编号：SZ-BX-×××××××××××××××××××××-0001

施工班组（队）		工程阶段	架线
工序及作业内容	杆塔附件安装；挂设保安接地线；提升工具的挂设；安全防护用具的使用；二道保险；安装悬垂线夹；安装其他附件；拆除多轮滑车；耐张塔高空开断；耐张塔平衡挂线	作业部位	×号塔至×号塔
执行方案名称		动态风险最高等级	
施工人数		计划开始时间	
实际开始时间		实际结束时间	
主要风险	触电、高处坠落、物体打击、其他伤害		
工作负责人		安全监护人（多地点作业应分别设监护人）	

具体分工（含特殊工种作业人员）：

其他施工人员：

作业必备条件及班前会检查

	是	否
(1) 作业人员着装是否规范、精神状态是否良好，是否经安全培训。	☐	☐
(2) 特种作业人员是否持证上岗。	☐	☐
(3) 作业人员是否无妨碍工作的职业禁忌。	☐	☐
(4) 是否无超年龄或年龄不足参与作业。	☐	☐
(5) 施工机械、设备是否有合格证并经检测合格。	☐	☐
(6) 工器具是否经准入检查，是否完好，是否经检查合格有效。	☐	☐
(7) 是否配备个人安全防护用品，并经检验合格，是否齐全、完好。	☐	☐
(8) 结构性材料是否有合格证。	☐	☐
(9) 按规定需送检的材料是否送检并符合要求。	☐	☐
(10) 安全文明施工设施是否符合要求，是否齐全、完好。	☐	☐
(11) 是否编制安全技术措施，安全技术方案是否制定并经审批或专家论证。	☐	☐
(12) 作业票是否已办理并进行交底。	☐	☐
(13) 施工人员是否参加过本工程技术安全措施交底。	☐	☐
(14) 施工人员对工作分工是否清楚。	☐	☐
(15) 各工作岗位人员对施工中可能存在的风险及预控措施是否明白。	☐	☐
(16) 确保高原医疗保障系统运转正常，施工人员经防疫知识培训、习服合格，施工点必须配备足够的应急药品和吸氧设备，尽量避免在恶劣气象条件下工作（仅高海拔地区施工需做此项检查）。	☐	☐

具体控制措施见所附风险控制卡
全员签名

编制人 （工作负责人）		审核人 （安全、技术）	
安全监护人		签发人 （施工项目部经理）	
签发日期			
监理人员 （三级及以上风险）		业主项目部经理 （四级及以上风险）	
备注			

C.15 架线施工作业风险控制专项措施

（1）飞艇、动力伞、无人机必须进行试飞前操作，操作人员必须经培训合格后，方可上岗操作。

（2）导、牵引绳的端头连接部位、抗弯连接器、旋转连接器、蛇皮套、卡线器、卸扣等受力工器具的规格要符合技术要求。使用前进行检查，有钢丝绳损伤、销子变形、表面裂纹等情况不得使用。

（3）各种锚桩按技术要求布设，其规格和埋深满足荷载要求。回填时有防沉措施，并覆盖防雨布并设有排水沟。下雨后及时检查地锚埋设情况，如有土质下沉、流失等情况及时回填。

（4）牵引机、张力机进出口与邻塔悬挂点的高差角及与线路中心线的夹角满足其机械的技术要求。如需转向，需使用专用的转向滑车，锚固必须可靠。各转向滑车的荷载应均衡，不得超过其允许承载力。牵引转向滑车围成的区域内侧严禁有人。

（5）前、后过轮临锚布置导线必须从悬垂线夹中脱出翻入放线滑车中，并不得以线夹头代替滑车。

（6）锚线卡线器安装位置距放线滑车中心不小于 3～5m，通过横担下方悬挂的钢丝绳滑车在地面上用钢丝绳卡线器进行锚线，其受力以过轮临锚前一基直线塔绝缘子垂直或使锚线张力稍微放松使绝缘子朝前偏移不大于 15cm 为宜。

（7）转角杆塔放线滑车的预倾措施和导线上扬处的压线措施应可靠。

（8）牵引时接到任何岗位的停车信号均立即停止牵引，停止牵引时先停牵引机，再停张力机。恢复牵引时先开张力机，再开牵引机。

（9）导线的尾线或牵引绳的尾绳在线盘或绳盘上的盘绕圈数均不得少于 6 圈。

（10）升空作业必须使用压线装置，严禁直接用人力压线。

（11）跨越不停电线路时，施工人员严禁在跨越架内侧攀登或作业，并严禁从封顶架上通过。跨越架、操作人员、工器具与带电体之间的最小安全距离必须符合规定要求。新建线路的导引绳通过跨越架时，用绝缘绳作引绳。

（12）跨越架搭设至拆除时段内全过程必须设专人看护，随时调整承载索对被跨越物的安全距离，及时反馈牵引情况，保证牵引绳和导地线及走板不触及防护网，夜间需加强看护跨越设施。

（13）放线施工段内杆塔可靠接地，牵引机和张力设备可靠接地，出线端的牵引绳及导线安装接地滑车；跨越不停电线路时，跨越档两端导线接地。

架 线 施 工 作 业 B 票

工程名称： 编号：SZ-BX-××××××××××××××××××-0001

施工班组（队）			工程阶段	架线
工序及作业内容	绝缘子挂设：挂绝缘子及放线滑车。 导引绳展放：人力展放导引绳；导引绳连接；动力伞、飞艇展放导引绳；无人直升机展放导引绳；人力布置；机械牵引。 张力放线：牵引场布置；张力场布置；导地线运输、就位；架线工器具的准备；地锚坑的埋设；牵引绳连接；牵引绳换盘；牵引绳与导线连接；导线换盘；落地锚固；通信联络；前、后过轮临锚布置；地面压接；高空压接；导线升空。 间隔棒安装：飞车作业；导线画印。 跳线安装：专用工具和安全用具进场；挂设保安接地线；安装跳线悬垂串；跳线压接		作业部位	×号塔至×号塔放线段
执行方案名称			动态风险最高等级	
施工人数			计划开始时间	
实际开始时间			实际结束时间	
主要风险	爆炸、触电、电击、高处坠落、火灾、机械伤害、设备事故、坍塌、物体打击、坠机、其他伤害			
工作负责人			安全监护人 （多地点作业应 分别设监护人）	
具体分工（含特殊工种作业人员）：				
其他施工人员：				

作业必备条件及班前会检查		
	是	否
（1）作业人员着装是否规范、精神状态是否良好，是否经安全培训。	□	□
（2）特种作业人员是否持证上岗。	□	□
（3）作业人员是否无妨碍工作的职业禁忌。	□	□
（4）是否无超年龄或年龄不足参与作业。	□	□
（5）施工机械、设备是否有合格证并经检测合格。	□	□
（6）工器具是否经准入检查，是否完好，是否经检查合格有效。	□	□
（7）是否配备个人安全防护用品，并经检验合格，是否齐全、完好。	□	□
（8）结构性材料是否有合格证。	□	□
（9）按规定需送检的材料是否送检并符合要求。	□	□
（10）安全文明施工设施是否符合要求，是否齐全、完好。	□	□
（11）是否编制安全技术措施，安全技术方案是否制定并经审批或专家论证。	□	□
（12）作业票是否已办理并进行交底。	□	□
（13）施工人员是否参加过本工程技术安全措施交底。	□	□
（14）施工人员对工作分工是否清楚。	□	□
（15）各工作岗位人员对施工中可能存在的风险及预控措施是否明白。	□	□
（16）确保高原医疗保障系统运转正常，施工人员经防疫知识培训、习服合格，施工点必须配备足够的应急药品和吸氧设备，尽量避免在恶劣气象条件下工作（仅高海拔地区施工需做此项检查）。	□	□

具体控制措施见所附风险控制卡			
全员签名			
编制人 （工作负责人）		审核人 （安全、技术）	
安全监护人		签发人 （施工项目部经理）	
签发日期			
监理人员 （三级及以上风险）		业主项目部经理 （四级及以上风险）	
备注			

C.16 架线施工作业风险控制专项措施

（1）飞艇、动力伞、无人机必须进行试飞前操作，操作人员必须经培训合格后，方可上岗操作。

（2）导、牵引绳的端头连接部位、抗弯连接器、旋转连接器、蛇皮套、卡线器、卸扣等受力工器具的规格要符合技术要求。使用前进行检查，有钢丝绳损伤、销子变形、表面裂纹等情况不得使用。

（3）各种锚桩按技术要求布设，其规格和埋深满足荷载要求。回填时有防沉措施，并覆盖防雨布并设有排水沟。下雨后及时检查地锚埋设情况，如有土质下沉、流失等情况及时回填。

（4）牵引机、张力机进出口与邻塔悬挂点的高差角及与线路中心线的夹角满足其机械的技术要求。如需转向，需使用专用的转向滑车，锚固必须可靠。各转向滑车的荷载应均衡，不得超过其允许承载力。牵引转向滑车围成的区域内侧严禁有人。

（5）前、后过轮临锚布置导线必须从悬垂线夹中脱出翻入放线滑车中，并不得以线夹头代替滑车。

（6）锚线卡线器安装位置距放线滑车中心不小于 $3\sim5m$，通过横担下方悬挂的钢丝绳滑车在地面上用钢丝绳卡线器进行锚线，其受力以过轮临锚前一基直线塔绝缘子垂直或使锚线张力稍微放松使绝缘子朝前偏移不大于 15cm 为宜。

（7）转角杆塔放线滑车的预倾措施和导线上扬处的压线措施应可靠。

（8）牵引时接到任何岗位的停车信号均立即停止牵引，停止牵引时先停牵引机，再停张力机。恢复牵引时先开张力机，再开牵引机。

（9）导线的尾线或牵引绳的尾绳在线盘或绳盘上的盘绕圈数均不得少于 6 圈。

（10）升空作业必须使用压线装置，严禁直接用人力压线。

（11）跨越不停电线路时，施工人员严禁在跨越架内侧攀登或作业，并严禁从封顶架上通过。跨越架、操作人员、工器具与带电体之间的最小安全距离必须符合规定要求。新建线路的导引绳通过跨越架时，用绝缘绳作引绳。

（12）跨越架搭设至拆除时段内全过程必须设专人看护，随时调整承载索对被跨越物的安全距离，及时反馈牵引情况，保证牵引绳和导地线及走板不触及防护网，夜间需加强看护跨越设施。

（13）放线施工段内杆塔可靠接地，牵引机和张力设备可靠接地，出线端的牵引绳及导线安装接地滑车；跨越不停电线路时，跨越档两端导线接地。

附表 C-13　　　　　　跨越（或同塔）电力线架线施工作业 B 票

编号：SZ-BX-×××××××××××××××××××-0001

工程名称：

施工班组（队）		工程阶段	架线
工序及作业内容	跨越（或同塔）电力线架线：停电跨越或同塔线路加挂第二回导线停电架设的作业；跨越110kV以下带电线路（或同塔加挂第二回，另一回不停电）作业；跨越110kV及以上带电线路（或同塔加挂第二回，另一回不停电）作业	作业部位	×号塔至×号塔放线段

执行方案名称		动态风险最高等级	
施工人数		计划开始时间	
实际开始时间		实际结束时间	
主要风险	高处坠落、触电、电网事故		
工作负责人		安全监护人 （多地点作业应 分别设监护人）	

具体分工（含特殊工种作业人员）：

其他施工人员：

作业必备条件及班前会检查

	是	否
（1）作业人员着装是否规范、精神状态是否良好，是否经安全培训。	□	□
（2）特种作业人员是否持证上岗。	□	□
（3）作业人员是否无妨碍工作的职业禁忌。	□	□
（4）是否无超年龄或年龄不足参与作业。	□	□
（5）施工机械、设备是否有合格证并经检测合格。	□	□
（6）工器具是否经准入检查，是否完好，是否经检查合格有效。	□	□
（7）是否配备个人安全防护用品，并经检验合格，是否齐全、完好。	□	□
（8）结构性材料是否有合格证。	□	□
（9）按规定需送检的材料是否送检并符合要求。	□	□
（10）安全文明施工设施是否符合要求，是否齐全、完好。	□	□
（11）是否编制安全技术措施，安全技术方案是否制定并经审批或专家论证。	□	□
（12）作业票是否已办理并进行交底。	□	□
（13）施工人员是否参加过本工程技术安全措施交底。	□	□
（14）施工人员对工作分工是否清楚。	□	□
（15）各工作岗位人员对施工中可能存在的风险及预控措施是否明白。	□	□
（16）确保高原医疗保障系统运转正常，施工人员经防疫知识培训、习服合格，施工点必须配备足够的应急药品和吸氧设备，尽量避免在恶劣气象条件下工作（仅高海拔地区施工需做此项检查）。	□	□

具体控制措施见所附风险控制卡		
全员签名		
编制人 （工作负责人）		审核人 （安全、技术）
安全监护人		签发人 （施工项目部经理）
签发日期		
监理人员 （三级及以上风险）		业主项目部经理 （四级及以上风险）
备注		

C.17 特殊跨越架搭设施工作业风险控制专项措施

（1）跨越架设置防倾覆措施。

（2）搭设或拆除跨越架设安全监护人。

（3）搭设跨越架，事先与被跨越设施的单位取得联系，必要时请其派员监督检查。

（4）跨越架的中心应在线路中心线上，宽度考虑施工期间牵引绳或导地线风偏后超出新建线路两边线各 2.0m，且架顶两侧设外伸羊角。

（5）跨越架与高速公路、高速铁路、电气化铁路、110kV 及以上运行电力线等的最小安全距离应符合规定要求。

（6）跨越架上悬挂醒目的安全标志。

（7）跨越架经使用单位验收合格后方可使用。

（8）强风、暴雨过后对跨越架进行检查，确认合格后方可使用。

（9）跨越架横担中心设置在新架线路每相（极）导线的中心垂直投影上。

（10）各类型金属跨越架架顶设置挂胶滚筒或挂胶滚动横梁。

（11）封网所使用的网片及承力绳保持干燥；承力绳及网片对被跨越物按规定保持足够的安全距离。

（12）附件安装完毕后，方可拆除跨越架。

附表 C-14   **跨越公路、铁路、航道作业 B 票**

工程名称：   编号：SZ－BX－×××××××××××××××××××××××－0001

施工班组（队）		工程阶段	架线
工序及作业内容	跨越公路、铁路、航道作业：一般跨越架搭设和拆除（24m 以下）；一般跨越架搭设和拆除（24m 以上）；无跨越架跨越架线（使用防护网）；跨越 10kV 及以上带电运行电力线路；跨越 2 级及以上公路；跨越高速公路；跨越铁路；跨越主通航河流、海上主航道	作业部位	×号塔至×号塔放线线段
执行方案名称		动态风险最高等级	
施工人数		计划开始时间	
实际开始时间		实际结束时间	
主要风险	触电、倒塌、电铁停运、高处坠落、公路通行中断、停航、物体打击、淹溺、其他伤害		
工作负责人		安全监护人（多地点作业应分别设监护人）	

具体分工（含特殊工种作业人员）：

其他施工人员：

作业必备条件及班前会检查

	是	否
（1）作业人员着装是否规范、精神状态是否良好，是否经安全培训。	☐	☐
（2）特种作业人员是否持证上岗。	☐	☐
（3）作业人员是否无妨碍工作的职业禁忌。	☐	☐
（4）是否无超年龄或年龄不足参与作业。	☐	☐
（5）施工机械、设备是否有合格证并经检测合格。	☐	☐
（6）工器具是否经准入检查，是否完好，是否经检查合格有效。	☐	☐
（7）是否配备个人安全防护用品，并经检验合格，是否齐全、完好。	☐	☐
（8）结构性材料是否有合格证。	☐	☐
（9）按规定需送检的材料是否送检并符合要求。	☐	☐
（10）安全文明施工设施是否符合要求，是否齐全、完好。	☐	☐
（11）是否编制安全技术措施，安全技术方案是否制定并经审批或专家论证。	☐	☐
（12）作业票是否已办理并进行交底。	☐	☐
（13）施工人员是否参加过本工程技术安全措施交底。	☐	☐
（14）施工人员对工作分工是否清楚。	☐	☐
（15）各工作岗位人员对施工中可能存在的风险及预控措施是否明白。	☐	☐
（16）确保高原医疗保障系统运转正常，施工人员经防疫知识培训、习服合格，施工点必须配备足够的应急药品和吸氧设备，尽量避免在恶劣气象条件下工作（仅高海拔地区施工需做此项检查）。	☐	☐

具体控制措施见所附风险控制卡			
全员签名			
编制人 （工作负责人）		审核人 （安全、技术）	
安全监护人		签发人 （施工项目部经理）	
签发日期			
监理人员 （三级及以上风险）		业主项目部经理 （四级及以上风险）	
备注			

C.18　土石方开挖作业风险控制专项措施

（1）土石方开挖前必须有专项施工方案，深度大于5m时，必须有专家论证。

（2）坑底面积超过$2m^2$时，可由2人同时挖掘，但不得面对面作业。

（3）规范设置弃土提升装置，并配备防倒转装置。不得在扩孔范围内的地面上堆积土方，土石滚落下方不得有人，下坡方向需设置挡土措施。

（4）规范设置供作业人员上下基坑的安全通道（梯子）。上下基坑时不得拉拽，不得在基坑内休息。

（5）坑模成型后，及时浇灌混凝土，否则采取防止土体塌落的措施。

基坑人工开挖施工作业 B 票

工程名称：

编号：SZ－BX－×××××××××××××××××××－0001

施工班组（队）		工程阶段	基础
工序及作业内容	一般土石方开挖：深度超过 5m（含 5m）深基槽开挖	作业部位	×号塔
执行方案名称		动态风险最高等级	
施工人数		计划开始时间	
实际开始时间		实际结束时间	
主要风险	高处坠落、物体打击、坍塌		
工作负责人		安全监护人（多地点作业应分别设监护人）	

具体分工（含特殊工种作业人员）：

其他施工人员：

作业必备条件及班前会检查

	是	否
（1）作业人员着装是否规范、精神状态是否良好，是否经安全培训。	□	□
（2）特种作业人员是否持证上岗。	□	□
（3）作业人员是否无妨碍工作的职业禁忌。	□	□
（4）是否无超年龄或年龄不足参与作业。	□	□
（5）施工机械、设备是否有合格证并经检测合格。	□	□
（6）工器具是否经准入检查，是否完好，是否经检查合格有效。	□	□
（7）是否配备个人安全防护用品，并经检验合格，是否齐全、完好。	□	□
（8）结构性材料是否有合格证。	□	□
（9）按规定需送检的材料是否送检并符合要求。	□	□
（10）安全文明施工设施是否符合要求，是否齐全、完好。	□	□
（11）是否编制安全技术措施，安全技术方案是否制定并经审批或专家论证。	□	□
（12）作业票是否已办理并进行交底。	□	□
（13）施工人员是否参加过本工程技术安全措施交底。	□	□
（14）施工人员对工作分工是否清楚。	□	□
（15）各工作岗位人员对施工中可能存在的风险及预控措施是否明白。	□	□
（16）确保高原医疗保障系统运转正常，施工人员经防疫知识培训、习服合格，施工点必须配备足够的应急药品和吸氧设备，尽量避免在恶劣气象条件下工作（仅高海拔地区施工需做此项检查）。	□	□

具体控制措施见所附风险控制卡			
全员签名			
编制人 （工作负责人）		审核人 （安全、技术）	
安全监护人		签发人 （施工项目部经理）	
签发日期			
监理人员 （三级及以上风险）		业主项目部经理 （四级及以上风险）	
备注			

C.19　人工挖孔桩基础施工作业风险控制专项措施

（1）人工挖孔桩基础作业前需编制专项施工方案，当开挖深度超出 5m 时应组织专家论证。

（2）每日开工前必须检测井下有无有毒、有害气体，并有足够的安全防护措施。

（3）桩深大于 5m 时，宜用风机或风扇向孔内送风不少于 5min，排除孔内浑浊空气。桩深大于 10m 时，井底应设照明，且照明必须采用 12V 以下电源，带罩防水安全灯具；设专门向井下送风的设备，每天先行对孔内送风 10min 以上，人员方能下井作业，风量不得少于 25L/s，且孔内电缆必须有防磨损、防潮、防断等保护措施。

（4）操作时上下人员轮换作业，桩孔上人员密切观察桩孔下人员的情况，互相呼应，不得擅离岗位，发现异常立即协助孔内人员撤离，并及时上报。井下作业不得超过 2 人，每次井下作业不得超过 2h。

（5）在孔内上下递送工具物品时，严禁抛掷，严防孔口的物件落入桩孔内。

（6）吊运土不得满装，防提升掉落伤人。使用的电动葫芦、吊笼等安全可靠并配有自动卡紧保险装置。电动葫芦宜用按钮式开关，使用前必须检验其安全起吊能力。

（7）将桩孔挖至设计深度，清除虚土，检查土质情况，桩底支承在设计所规定的持力层上。

（8）人工挖扩桩孔（含清孔、验孔），凡下孔作业人员均需戴安全帽，腰系安全绳，必须从专用爬梯上下，严禁沿孔壁或乘运土设施上下。

（9）在扩孔范围内的地面上不得堆积土方。

（10）挖扩底桩应先将扩底部位桩身的圆柱体挖好，再按设计扩底部位的尺寸、形状自上而下削土。坑模成型后，及时浇灌混凝土，否则采取防止土体塌落的措施。

附表 C‑16   **人工挖孔桩基础施工作业 B 票**

工程名称：   编号：SZ‑BX‑×××××××××××××××××××‑0001

施工班组（队）		工程阶段	基础
工序及作业内容	人工挖孔桩基础作业：开挖第一节桩孔土方；架设垂直运输系统；支模、护壁；开挖吊运第二节桩孔土方（修边）；逐层往下循环作业桩身长度小于等于15m；逐层往下循环作业桩身长度超出（含）15m；底盘扩底基坑清理；钢筋笼制作与吊放；混凝土作业	作业部位	×号塔
执行方案名称		动态风险最高等级	
施工人数		计划开始时间	
实际开始时间		实际结束时间	
主要风险	其他伤害、机械伤害、坍塌、物体打击、高处坠落、触电、中毒、窒息		
工作负责人		安全监护人（多地点作业应分别设监护人）	
具体分工（含特殊工种作业人员）：			
其他施工人员：			

作业必备条件及班前会检查

	是	否
（1）作业人员着装是否规范、精神状态是否良好，是否经安全培训。	□	□
（2）特种作业人员是否持证上岗。	□	□
（3）作业人员是否无妨碍工作的职业禁忌。	□	□
（4）是否无超年龄或年龄不足参与作业。	□	□
（5）施工机械、设备是否有合格证并经检测合格。	□	□
（6）工器具是否经准入检查，是否完好，是否经检查合格有效。	□	□
（7）是否配备个人安全防护用品，并经检验合格，是否齐全、完好。	□	□
（8）结构性材料是否有合格证。	□	□
（9）按规定需送检的材料是否送检并符合要求。	□	□
（10）安全文明施工设施是否符合要求，是否齐全、完好。	□	□
（11）是否编制安全技术措施，安全技术方案是否制定并经审批或专家论证。	□	□
（12）作业票是否已办理并进行交底。	□	□
（13）施工人员是否参加过本工程技术安全措施交底。	□	□
（14）施工人员对工作分工是否清楚。	□	□
（15）各工作岗位人员对施工中可能存在的风险及预控措施是否明白。	□	□
（16）确保高原医疗保障系统运转正常，施工人员经防疫知识培训、习服合格，施工点必须配备足够的应急药品和吸氧设备，尽量避免在恶劣气象条件下工作（仅高海拔地区施工需做此项检查）。	□	□

具体控制措施见所附风险控制卡

全员签名

编制人（工作负责人）		审核人（安全、技术）	
安全监护人		签发人（施工项目部经理）	
签发日期			
监理人员（三级及以上风险）		业主项目部经理（四级及以上风险）	
备注			

C.20 掏挖基础施工作业风险控制专项措施

（1）掏挖基础基坑开挖前必须有专项施工方案，深度大于 5m 时，必须由专家论证。

（2）坑底面积超过 $2m^2$ 时，可由 2 人同时挖掘，但不得面对面作业。

（3）规范设置弃土提升装置，并配备防倒转装置。不得在扩孔范围内的地面上堆积土方，土石滚落下方不得有人，下坡方向需设置挡土措施。

（4）规范设置供作业人员上下基坑的安全通道（梯子）。上下基坑时不得拉拽，不得在基坑内休息。

（5）底盘扩底及基坑清理时遵守掏挖基础的有关安全要求。

（6）坑模成型后，及时浇灌混凝土，否则采取防止土体塌落的措施。

附表 C-17　　　　　　　　　掏挖基础施工作业 B 票

工程名称：　　　　　　　　　　编号：SZ-BX-××××××××××××××××××××-0001

施工班组（队）		工程阶段	基础
工序及作业内容	掏挖基础基坑开挖；孔口施工；渣土提升；深度大于 5m 的开挖；底盘扩底基坑清理	作业部位	×号塔
执行方案名称		动态风险最高等级	
施工人数		计划开始时间	
实际开始时间		实际结束时间	
主要风险	物体打击、高处坠落、坍塌		
工作负责人		安全监护人（多地点作业应分别设监护人）	
具体分工（含特殊工种作业人员）：			
其他施工人员：			

作业必备条件及班前会检查		
	是	否
（1）作业人员着装是否规范、精神状态是否良好，是否经安全培训。	☐	☐
（2）特种作业人员是否持证上岗。	☐	☐
（3）作业人员是否无妨碍工作的职业禁忌。	☐	☐
（4）是否无超年龄或年龄不足参与作业。	☐	☐
（5）施工机械、设备是否有合格证并经检测合格。	☐	☐
（6）工器具是否经准入检查，是否完好，是否经检查合格有效。	☐	☐
（7）是否配备个人安全防护用品，并经检验合格，是否齐全、完好。	☐	☐
（8）结构性材料是否有合格证。	☐	☐
（9）按规定需送检的材料是否送检并符合要求。	☐	☐
（10）安全文明施工设施是否符合要求，是否齐全、完好。	☐	☐
（11）是否编制安全技术措施，安全技术方案是否制定并经审批或专家论证。	☐	☐
（12）作业票是否已办理并进行交底。	☐	☐
（13）施工人员是否参加过本工程技术安全措施交底。	☐	☐
（14）施工人员对工作分工是否清楚。	☐	☐
（15）各工作岗位人员对施工中可能存在的风险及预控措施是否明白。	☐	☐
（16）确保高原医疗保障系统运转正常，施工人员经防疫知识培训、习服合格，施工点必须配备足够的应急药品和吸氧设备，尽量避免在恶劣气象条件下工作（仅高海拔地区施工需做此项检查）。	☐	☐

具体控制措施见所附风险控制卡
全员签名

编制人 （工作负责人）		审核人 （安全、技术）	
安全监护人		签发人 （施工项目部经理）	
签发日期			
监理人员 （三级及以上风险）		业主项目部经理 （四级及以上风险）	
备注			

C.21 特殊基坑基础施工作业风险控制专项措施

（1）挖掘泥水坑、流沙坑过程严格控制坑内积水，边抽水边挖方，必要时设挡土板（或挡土墙）。

（2）开挖过程中，当坑壁有明显坍塌迹象且坑内积水或地下出水量不大时，采用抽明水降水；当土质疏松且渗水比较快的土壤或开挖中地下出水量较大，且坑壁有坍塌迹象时，采用井点降水法；当地下水较大，地质为粉质土或流沙时，采用沉井（箱）法。

（3）大坎、高边坡基础开挖严禁上、下坡同时撬挖。作业人员之间保持适当距离。在悬岩陡坡上作业时系安全带。

（4）坑模成型后，及时浇灌混凝土，否则采取防止土体塌落的措施。

附表 C-18　　　　　　　　　　特殊基坑基础施工作业 B 票

工程名称：　　　　　　　　　　　编号：SZ-BX-××××××××××××××××-0001

施工班组（队）		工程阶段	基础
工序及作业内容	特殊基坑开挖作业：泥沙流沙坑开挖	作业部位	×号塔
执行方案名称		动态风险最高等级	
施工人数		计划开始时间	
实际开始时间		实际结束时间	
主要风险	坍塌		
工作负责人		安全监护人 （多地点作业应 分别设监护人）	
具体分工（含特殊工种作业人员）：			
其他施工人员：			

作业必备条件及班前会检查		
	是	否
（1）作业人员着装是否规范、精神状态是否良好，是否经安全培训。	☐	☐
（2）特种作业人员是否持证上岗。	☐	☐
（3）作业人员是否无妨碍工作的职业禁忌。	☐	☐
（4）是否无超年龄或年龄不足参与作业。	☐	☐
（5）施工机械、设备是否有合格证并经检测合格。	☐	☐
（6）工器具是否经准入检查，是否完好，是否经检查合格有效。	☐	☐
（7）是否配备个人安全防护用品，并经检验合格，是否齐全、完好。	☐	☐
（8）结构性材料是否有合格证。	☐	☐
（9）按规定需送检的材料是否送检并符合要求。	☐	☐
（10）安全文明施工设施是否符合要求，是否齐全、完好。	☐	☐
（11）是否编制安全技术措施，安全技术方案是否制定并经审批或专家论证。	☐	☐
（12）作业票是否已办理并进行交底。	☐	☐
（13）施工人员是否参加过本工程技术安全措施交底。	☐	☐
（14）施工人员对工作分工是否清楚。	☐	☐
（15）各工作岗位人员对施工中可能存在的风险及预控措施是否明白。	☐	☐
（16）确保高原医疗保障系统运转正常，施工人员经防疫知识培训、习服合格，施工点必须配备足够的应急药品和吸氧设备，尽量避免在恶劣气象条件下工作（仅高海拔地区施工需做此项检查）。	☐	☐
具体控制措施见所附风险控制卡		
全员签名		

编制人 （工作负责人）		审核人 （安全、技术）	
安全监护人		签发人 （施工项目部经理）	
签发日期			
监理人员 （三级及以上风险）		业主项目部经理 （四级及以上风险）	
备注			

C.22 岩石基础施工作业风险控制专项措施

（1）钻孔时持钻人员戴防护手套和防尘面（口）罩、防护眼镜。手不得离开钻把上的风门，更换钻头关闭风门。

（2）人工打孔时扶锤人员带防护手套和防尘罩采取手臂保护措施，打锤人员和扶锤人员密切配合。打锤人不得戴手套，并站在扶钎人的侧面。

（3）规范设置弃土提升装置，并配备防倒转装置。不得在扩孔范围内的地面上堆积土方，土石滚落下方不得有人，下坡方向需设置挡土措施。

（4）配备良好通风设备。

（5）规范设置供作业人员上下基坑的安全通道（梯子）。

（6）底盘扩底及基坑清理时遵守掏挖基础的有关安全要求。

（7）坑模成型后，及时浇灌混凝土，否则采取防止土体塌落的措施。

附表 C-19　　　　　　　　　岩石基础施工作业 B 票

工程名称：　　　　　　　　　　编号：SZ-BX-××××××××××××××××××××××××-0001

施工班组（队）			工程阶段	基础
工序及作业内容	岩石基坑开挖：人工成孔；机械钻孔；爆破作业		作业部位	×号塔
执行方案名称			动态风险最高等级	
施工人数			计划开始时间	
实际开始时间			实际结束时间	
主要风险	物体打击、机械伤害、爆炸			
工作负责人			安全监护人（多地点作业应分别设监护人）	
具体分工（含特殊工种作业人员）：				
其他施工人员：				

作业必备条件及班前会检查		
	是	否
（1）作业人员着装是否规范、精神状态是否良好，是否经安全培训。	☐	☐
（2）特种作业人员是否持证上岗。	☐	☐
（3）作业人员是否无妨碍工作的职业禁忌。	☐	☐
（4）是否无超年龄或年龄不足参与作业。	☐	☐
（5）施工机械、设备是否有合格证并经检测合格。	☐	☐
（6）工器具是否经准入检查，是否完好，是否经检查合格有效。	☐	☐
（7）是否配备个人安全防护用品，并经检验合格，是否齐全、完好。	☐	☐
（8）结构性材料是否有合格证。	☐	☐
（9）按规定需送检的材料是否送检并符合要求。	☐	☐
（10）安全文明施工设施是否符合要求，是否齐全、完好。	☐	☐
（11）是否编制安全技术措施，安全技术方案是否制定并经审批或专家论证。	☐	☐
（12）作业票是否已办理并进行交底。	☐	☐
（13）施工人员是否参加过本工程技术安全措施交底。	☐	☐
（14）施工人员对工作分工是否清楚。	☐	☐
（15）各工作岗位人员对施工中可能存在的风险及预控措施是否明白。	☐	☐
（16）确保高原医疗保障系统运转正常，施工人员经防疫知识培训、习服合格，施工点必须配备足够的应急药品和吸氧设备，尽量避免在恶劣气象条件下工作（仅高海拔地区施工需做此项检查）。	☐	☐

具体控制措施见所附风险控制卡		
全员签名		
编制人 （工作负责人）		审核人 （安全、技术）	
安全监护人		签发人 （施工项目部经理）	
签发日期			
监理人员 （三级及以上风险）		业主项目部经理 （四级及以上风险）	
备注			

C.23   爆破施工作业风险控制专项措施

（1）导火索使用前做燃速试验。使用时其长度必须保证操作人员能撤至安全区，不得小于 1.2m。遵守民用爆破物品管理处罚条例，爆破单位取得爆破许可证，爆破人员持证上岗，无证人员严禁爆破作业。

（2）爆破前在路口派人安全警戒。

（3）爆破点距民房较近的，爆破前通知民房内人员撤离爆破危险区。

（4）使用电雷管要在切断电源 5min 后进行现场检查。处理哑炮时严禁从炮孔内掏取炸药和雷管，重新打孔时新孔应与原孔平行，新孔距哑炮孔不得小于 0.3m，距药壶边缘不得小于 0.5m。切割导爆索、导火索用锋利小刀，严禁用剪刀或钢丝钳剪夹。严禁切割接上雷管的导爆索。

（5）无盲炮时，必须从最后一响算起经 5min 后方可进入爆破区，有盲炮或炮数不清时，对火雷管必经 15min 后爆破作业人员方可进入爆破区。

（6）处理盲炮时，严禁从炮孔内掏取炸药和雷管。重新打孔时，新孔必须与原孔平行。新孔距盲炮孔严禁小于 0.3m，距药壶边缘严禁小于 0.5m。

（7）使用火雷管的应在 30min 后进入现场处理。

（8）在民房、电力线附近爆破施工时采松动爆破或压缩爆破，炮眼上压盖掩护物，并有减少震动波扩散的措施。

（9）当天剩余的爆破器材必须点清数量，及时退库。炸药和雷管必须分库存放，雷管在内有防震软垫的专用箱内存放。

（10）坑内点炮时坑上设专人安全监护，坑深超过 1.5m 以上时坑内备梯子，保证点炮人员上下坑的安全。

（11）划定爆破警戒区，警戒区内不得携带火源，普通雷管起爆时不得携带手机等通信设备。

C.24   线路拆旧施工作业风险控制专项措施

（1）交叉跨越应取得相关部门同意，做好安全措施，如搭好可靠的跨越架、封航、封路、在路口设专人持信号旗看守等，特别是车辆、人流较为密集的公路，有充裕的看护人员，必要时请相关部门给予配合。

（2）拆除线路在登塔（杆）前必须先核对线路名称，再进行验电，然后做好接地措施，先挂接地端，后接导线端；与带电线路临近、平行、交叉时，使用个人保安线。

（3）过轮临锚塔符合设计和施工操作的要求，锚线角不大于规定值，确保锚固合理、可靠。

（4）锚线用工器具按导地线张力配置，其安全系数不得小于 2.5。根据现场土质情况选用地锚型式和数量。

（5）过轮临锚前杆塔横担根据导地线张力的不同进行补强。如塔身主材锈蚀严重，对整塔受力验算后对塔身薄弱处采取补强措施。

（6）导线在松落地面尚有一定张力的情况下，不得盲目开断导线，应该在导线开断点的两端将线锚住，开断后再将导线向两边慢慢释放。张力较大时则用地锚锚住导线。

（7）分解拆吊杆塔时，待拆构件受力后，方准拆除连接螺栓。禁止超抱杆负重拆吊。找正吊点中心位置并设控制绳。

（8）拆塔时严格控制抱杆的倾斜角度，一般不得超过15°。在抱杆吊重状态下，严禁腰箍绳受力。

（9）使用吊车分解拆吊杆塔时，四周水平撑脚必须伸足，垂直撑脚下垫木要平稳垫实，以防地面沉陷或垫木滑移造成吊车侧翻。吊车停留位置满足安全距离要求。

（10）整体倒落杆塔时，必须在倒落方向的两侧在杆塔上打好临时拉线以控制方向。切割杆塔主材时必须事先制定切割顺序并严格按制定的顺序切割，牵引杆塔倒落的机械必须在杆塔倒落的距离1.2倍外，现场周围留有安全距离，事先清除地面多余的障碍物，并用围栏设置警戒区，杆塔附近有电力线路、房屋或其他重要设施时不得采取整体倒落。

（11）拆除转角、直线耐张杆塔导地线时按措施要求在拆除导线的反向侧打好拉线。拉线的对地夹角度数能满足该塔承受下压力负重的要求。必要时对横担和塔身采取补强措施。

附表 C - 20　　　　　　　　　　　　线路拆旧施工作业 B 票

工程名称：　　　　　　　　　　　编号：SZ - BX -××××××××××××××××××- 0001

施工班组（队）		工程阶段	拆旧
工序及作业内容	拆旧工作：导、地线及杆塔拆除作业	作业部位	×号塔至×号塔
执行方案名称		动态风险最高等级	
施工人数		计划开始时间	
实际开始时间		实际结束时间	
主要风险	触电、物体打击、高处坠落、其他伤害		
工作负责人		安全监护人（多地点作业应分别设监护人）	
具体分工（含特殊工种作业人员）：			
其他施工人员：			

作业必备条件及班前会检查		
	是	否
（1）作业人员着装是否规范、精神状态是否良好，是否经安全培训。	☐	☐
（2）特种作业人员是否持证上岗。	☐	☐
（3）作业人员是否无妨碍工作的职业禁忌。	☐	☐
（4）是否无超年龄或年龄不足参与作业。	☐	☐
（5）施工机械、设备是否有合格证并经检测合格。	☐	☐
（6）工器具是否经准入检查，是否完好，是否经检查合格有效。	☐	☐
（7）是否配备个人安全防护用品，并经检验合格，是否齐全、完好。	☐	☐
（8）结构性材料是否有合格证。	☐	☐
（9）按规定需送检的材料是否送检并符合要求。	☐	☐
（10）安全文明施工设施是否符合要求，是否齐全、完好。	☐	☐
（11）是否编制安全技术措施，安全技术方案是否制定并经审批或专家论证。	☐	☐
（12）作业票是否已办理并进行交底。	☐	☐
（13）施工人员是否参加过本工程技术安全措施交底。	☐	☐
（14）施工人员对工作分工是否清楚。	☐	☐
（15）各工作岗位人员对施工中可能存在的风险及预控措施是否明白。	☐	☐
（16）确保高原医疗保障系统运转正常，施工人员经防疫知识培训、习服合格，施工点必须配备足够的应急药品和吸氧设备，尽量避免在恶劣气象条件下工作（仅高海拔地区施工需做此项检查）。	☐	☐

具体控制措施见所附风险控制卡	
全员签名	

编制人（工作负责人）		审核人（安全、技术）	
安全监护人		签发人（施工项目部经理）	
签发日期			
监理人员（三级及以上风险）		业主项目部经理（四级及以上风险）	
备注			

参 考 文 献

［1］ GB 26859—2011. 电力安全工作规程　电力线路部分 ［S］. 北京：中国电力出版社，2012.

［2］ 国家安全生产监督管理总局培训中心. 高处作业操作资格培训考核教材 ［M］. 北京：中国三峡出版社，2013.

［3］ 余虹云，李瑞. 电力高处作业防坠落技术 ［M］. 北京：中国电力出版社，2008.

［4］ 何国飞，吴玉燕. 钢绞线防坠落装置在杆塔登高作业中的应用探讨 ［J］. 广西电力，2008，31（4）：69－70.

［5］ 孙慧颖，许永刚，戴超，等. 全过程高挂主动安全型防坠落装置的研制 ［J］. 电力安全技术，2015，17（1）：65－68.

［6］ 彭向阳，周华敏，姚森敬. 输电线路杆塔防坠落装置应用现状及展望 ［J］. 广东电力，2010，23（12）：1－7.

［7］ 沈雁征. 浅谈架空输电线路高空防坠落装置 ［J］. 科技风，2010（21）：206－207.

［8］ 罗建明. 钢管杆在城市输电线路中的应用 ［J］. 广东电力，2008，6（2）：2－4.

［9］ 韩昊，付军. 吴军，等. 角钢型铁塔专用防坠落自锁装置在铁塔高空作业中的应用 ［J］. 中国高新技术企业，2016，53（6）：27－28.

［10］ GB 26860—2011. 电力安全工作规程（发电厂和变电站电气部分）［S］. 北京：中国电力出版社，2012.

［11］ DL/T 1147—2009. 电力高处作业防坠器 ［S］. 北京：中国电力出版社，2009.

［12］ 黄学能. 输电线路杆塔高空防坠落装置的探讨 ［J］. 硅谷，2013（23）.

［13］ 尚大伟. 高压架空输电线路施工操作指南 ［M］. 北京：中国电力出版社，2007.

［14］ 赵艳丽. 浅谈预防高处坠落的措施 ［J］. 投资与合作：学术版，2011（7）：229－229.

［15］ 邱智勇. 现场施工高空坠落事故成因及对策 ［J］. 建筑建材装饰，2010，11（2）：19－20.

［16］ 汤晓青. 输电线路施工 ［M］. 北京：中国电力出版社，2008.

［17］ 任彦斌. 登高架设作业 ［M］. 北京：中国劳动社会保障出版社，2014.

［18］ 叶军献. 浙江省建筑施工现场安全质量标准化管理实用手册 ［M］. 上海：上海科学技术文献出版社，2008.

［19］ 国家电网公司. 国家电网公司电力安全工作规程（线路部分）［M］. 北京：中国电力出版社，2013.

［20］ 国家电力公司华东公司. 送电线路技术问答 ［M］. 北京：中国电力出版社，2003.

［21］ 国家电网公司. 国家电网公司基建安全管理规定 ［M］. 北京：中国电力出版社，2012.

［22］ 住房和城乡建设部工程质量安全监管司. 建设工程安全生产技术 ［M］. 北京：中国建筑工业出版社，2008.

［23］ 国家电网公司基建部. 国家电网公司输变电工程标准工艺 ［M］. 北京：中国电力出版社，2013.